"十四五"时期国家重点出版物出版专项规划项目
21世纪理论物理及其交叉学科前沿丛书

中子星物理导论

An Introduction to Neutron Star Physics

俞云伟 编著

科学出版社

北 京

内 容 简 介

本书的内容包括三个部分。首先，第 1～3 章主要介绍了物态、结构以及演化等中子星的基本物理属性。其次，第 4、5 章阐述了脉冲星观测的主要结果和脉冲星产生电磁辐射的理论基础。这两部分内容和基础物理学课程紧密相关，可作为本科教学的重点，重在描述中子星模型的基本理论框架，实现基础物理知识和天体物理研究之间的过渡和衔接。最后，第 6～10 章是一些扩展性介绍，内容涉及星风、双星、磁陀星、引力波及超新星爆发等，旨在使本书能够较为完整地呈现中子星研究领域的大致风貌，并浮光掠影地涉及一些前沿研究内容。总体上，本书侧重论述中子星理论模型的内在逻辑，对过于复杂的理论推导和观测细节不作展开讨论，以保证内容的简洁性。

本书是一本面向物理学和天文学专业高年级本科生和研究生的教学用书，旨在阐述中子星相关概念的由来，帮助初学者建立基本物理图像，为他们开展这一领域的学习和研究提供入门的导引，也可以作为读者了解天体物理学的一个窗口以及作为科研工作者的参考用书。

图书在版编目(CIP)数据

中子星物理导论/俞云伟编著.—北京：科学出版社，2022.11
(21 世纪理论物理及其交叉学科前沿丛书)
"十四五"时期国家重点出版物出版专项规划项目
ISBN 978-7-03-073832-5

Ⅰ.①中… Ⅱ.①俞… Ⅲ.①中子星–天体物理学 Ⅳ.①P145.6

中国版本图书馆 CIP 数据核字(2022)第 220566 号

责任编辑：周 涵 崔慧娴／责任校对：樊雅琼
责任印制：赵 博／封面设计：无极书装

科 学 出 版 社 出版
北京东黄城根北街 16 号
邮政编码：100717
http://www.sciencep.com
北京建宏印刷有限公司印刷
科学出版社发行 各地新华书店经销
*
2022 年 11 月第 一 版 开本：720×1000 B5
2025 年 1 月第三次印刷 印张：12 1/4
字数：247 000
定价：108.00 元
(如有印装质量问题，我社负责调换)

前　言

21世纪以来，相继有科学家因以宇宙加速膨胀的发现、宇宙中微子和引力波的探测、系外行星的搜寻、黑洞的测量为代表的一系列天文学成就获得诺贝尔物理学奖，标志着天体物理学正逐渐成为物理学前沿探索的主阵地之一。一个全面繁盛的天文学研究新时代，涌现出大量新技术、新发现和新思想，无不吸引着广大科研工作者乃至社会公众的浓厚兴趣，成为广大青年学子立志投身的一个方向。

作者在华中师范大学物理科学与技术学院从事天文学相关课程的教学已有十余年，就如何在物理学专业开展天文学教学积累了一点经验。鉴于两个学科之间或多或少的知识和方法壁垒，对于广大非天文专业的学生，要能够较为快速地了解天体物理的研究对象和方法，可能存在一定障碍。其一，面对纷繁复杂的天文现象和概念，感到难以理清头绪和逻辑。其二，一时难以将所学的物理知识与实际的天文问题紧密联系起来。对于第一个困难，我们需要开设一门普通天文学的课程，结合天文学发展的历史，通过逐一讲解各个尺度不同层级天文现象的基本图像和概念，以使学生在较短的时间内具备基本的天文学背景。这种泛泛的背景介绍对于以了解为目的的学生而言是足够的，但对于喜欢以物理思维来理解自然规律的学生而言则仍显不足。为此，我们很有必要在理论讲解上更加深入，以帮助他们解决第二个困难。

受限于学时，我们很难为物理专业的本科生开设全面的天体物理基础课程，所以需要选择具有代表性的切入点。我们知道，恒星物理和致密天体物理无疑是天文学大厦最重要的理论基石。再比较而言，中子星物理因涉及非常丰富的物理知识和天文现象并具有较为独立的知识体系而成为最佳的选择。它既涉及物质的最深层次结构、广义相对论的时空观以及极端电磁场物理等最前沿的物理知识，又广泛涉及双星轨道、物质吸积、激波作用、能量爆发等各种天体物理过程。更重要的是，该课程还恰好可以提供运用本科物理知识探讨实际问题的丰富案例。比如，统计物理是我们描述中子星物态和热力学属性的基本手段，而对脉冲星辐射性质的了解则完全属于电动力学的范畴。因此，通过这个课程以点带面，可使学生基本了解天体物理学的学科属性和方法论，同时也会有助于学生更好地体会和巩固所学物理知识的内涵和价值。此外，作为一点私心，作者也希望能够通过中子星这门课程促进更多的有志青年投身到致密天体相关的研究领域中。

　　然而，作者目前所见的与中子星相关的书籍，大多为学术性专著或面向科研工作者的参考书，起点较高，本科生和低年级的研究生不太容易驾驭这些书籍的广度和深度，且与他们已有的知识之间存在脱节。因此，作者深感有必要编写一本基于本科生物理知识基础的中子星入门读物，尤其注重和本科物理知识之间的友好衔接，从而充分发挥该课程的教学功能。书本的内容应以全景式展示中子星的基本模型框架为主，尽量避免过于艰深复杂的理论计算。同时，适当介绍与理论相关的中子星观测表现，使之形象化、具体化，但绝不追求对全部观测结果的详尽描述 (这实际上也超出了作者的能力)。以作者自身的经验来看，对这些基础知识的掌握，对继续深入到相关的前沿课题研究仍是大有裨益的，可以免去研究过程中一些不必要的困惑而直面核心科学问题。鉴于中子星物理的内在逻辑，学习本书之前最好已经学习过"四大力学"等本科物理课程。对于超出本科物理教学的内容，书中尽可能地作了一些插入性的介绍，尤其是在附录中特别介绍了相对论的主要思想内涵，以此尽量减少读者对先行课程的依赖。此外，对于一些本书难以展开介绍而直接引入的理论论断和观测结果，书中列出了相关的参考文献，读者可据此展开延伸阅读。

　　2020~2021 年，作者因为疫情而有了几段较为完整的自由时间，于是在整理了前几年授课讲义的基础上完成这本小册子。本书的撰写过程其实是作者自身重新学习的过程，时常暴露出原有理解的浅薄，发现了很多一知半解、理解有失偏颇乃至错误的地方。越是深入，越是战战兢兢、如履薄冰，有太多东西还需要继续深入学习和研究。在有限的时间中，尽管力图将所涉及的每一个知识点都讲透彻，但鉴于作者有限的学识和能力，遗漏之处在所难免，恳请读者批评和指正，以帮助作者不断做出修正。任何意见和建议烦请发送作者邮箱 yuyw@ccnu.edu.cn，不胜感激，作者将及时做出更新。

　　作者在此向中国科学技术大学戴子高，内华达大学拉斯维加斯分校张冰，南京大学黄永锋、柳若愚，北京大学徐仁新、邵立晶，云南大学杨元培，华中科技大学邹远川，青岛理工大学陈文聪，贵州师范大学彭俊金，中国科学院新疆天文台周霞，中国科学院上海天文台余文飞、韩文标，华中师范大学郑小平、刘良端等同仁对本书初稿的讨论、审阅和修改建议表示感谢，同时也感谢我的学生李少泽、陈啊明、朱锦平、刘建峰、胡瑞翀、吴光磊、张震东、张子良、郑见合、沈俊、肖明燕、杜泽昕等在资料收集、书稿排版和校对过程中所提供的帮助。特别感谢华中师范大学历届听讲"脉冲星与中子星"课程的学生，没有这些课堂的教学就没有这本小书的诞生。最后，还感谢科技部 SKA 专项 (批准号：2020SKA0120300) 和国家自然科学基金项目 (批准号：11822302，11833003) 的资助。

"文章千古事，得失寸心知。" 唯愿不负学术、不负学生。

俞云伟

2022 年 2 月

单位制、符号约定及基本常数

遵照天文学惯例，除特别说明外，本书尽量采用以厘米 (cm)、克 (g)、秒 (s) 为基本单位的高斯单位制 (cgs 制) 及与其相对应的电动力学表述体系，即麦克斯韦方程组和单位电荷洛伦兹力分别写为

$$\nabla \cdot \boldsymbol{D} = 4\pi\rho$$

$$\nabla \times \boldsymbol{E} = -\frac{1}{c}\frac{\partial \boldsymbol{B}}{\partial t}$$

$$\nabla \cdot \boldsymbol{B} = 0$$

$$\nabla \times \boldsymbol{H} = \frac{4\pi}{c}\boldsymbol{J} + \frac{1}{c}\frac{\partial \boldsymbol{D}}{\partial t}$$

和

$$\boldsymbol{f} = \boldsymbol{E} + \frac{\boldsymbol{v}}{c} \times \boldsymbol{B},$$

式中黑体表示矢量，$\boldsymbol{D}$、$\boldsymbol{E}$、$\boldsymbol{B}$ 和 $\boldsymbol{H}$ 分别为电位移矢量、电场强度、磁感强度和磁场强度，ρ 和 $\boldsymbol{J}$ 分别为电荷密度和电流密度，$\boldsymbol{v}$ 为速度。高斯单位制中的真空介电常数和真空磁导率均为 1，电位移矢量和磁感强度可分别写为

$$\boldsymbol{D} = \boldsymbol{E} + 4\pi\boldsymbol{P}$$

和

$$\boldsymbol{B} = \boldsymbol{H} + 4\pi\boldsymbol{m},$$

其中 $\boldsymbol{P}$ 和 $\boldsymbol{m}$ 分别为极化矢量和磁化率。有些情况下为了方便记忆或比较，我们也会针对特别的物理量采用非高斯单位制的单位表述，比如用电子伏特 (eV) 作为能量的单位。此外，为了简化公式，我们还会常用记号方式 Q_x 表示无量纲化的物理量 $Q/(10^x \text{ cgs})$，例如无量纲化的密度记为

$$\rho_{15} \equiv \frac{\rho}{10^{15}\text{g} \cdot \text{cm}^{-3}}. \tag{1}$$

对于最基本的物理和天文常数，本书将通篇采用其常用符号，具体见表 1 和表 2。而对于其他物理量，我们将尽可能地保持与通常的书写习惯相一致。但是，

不可避免地会有很多物理量共用相同的符号，此时我们会在相应的章节对这些符号进行重新定义，请读者阅读时加以注意。表 2 中带 * 号的宇宙学参数是依据宇宙微波背景辐射观测所得到的数值，请注意它们与超新星测量得到的结果存在差异。

表 1   物理常数

光速	c	$2.998 \times 10^{10} \mathrm{cm \cdot s^{-1}}$
普朗克常数	h	$6.626 \times 10^{-27} \mathrm{erg \cdot s}$
	$\hbar \equiv \dfrac{h}{2\pi}$	$1.055 \times 10^{-27} \mathrm{erg \cdot s}$
玻尔兹曼常数	k_{B}	$1.381 \times 10^{-16} \mathrm{erg \cdot K^{-1}}$
		$8.617 \times 10^{-5} \mathrm{eV \cdot K^{-1}}$
引力常数	G	$6.674 \times 10^{-8} \mathrm{cm^3 \cdot g^{-1} \cdot s^{-2}}$
中子质量	m_{n}	$1.6749 \times 10^{-24} \mathrm{g}$
质子质量	m_{p}	$1.6726 \times 10^{-24} \mathrm{g}$
电子质量	m_{e}	$9.1094 \times 10^{-28} \mathrm{g}$
		$0.511 \ \mathrm{MeV}/c^2$
电子电量	e	$4.803 \times 10^{-10} \mathrm{esu}$
电子伏特	eV	$1.6022 \times 10^{-12} \mathrm{erg}$
辐射密度常数	a	$7.566 \times 10^{-15} \mathrm{erg \cdot cm^{-3} \cdot K^{-4}}$
斯特藩-玻尔兹曼常数	$\sigma = \dfrac{ac}{4}$	$5.670 \times 10^{-5} \mathrm{erg \cdot s^{-1} \cdot cm^{-2} \cdot K^{-4}}$
经典电子半径	$r_{\mathrm{e}} = \dfrac{e^2}{m_{\mathrm{e}} c^2}$	$2.818 \times 10^{-13} \mathrm{cm}$
汤姆孙散射截面	$\sigma_{\mathrm{T}} = \dfrac{8\pi}{3} r_{\mathrm{e}}^2$	$6.652 \times 10^{-25} \mathrm{cm^2}$
玻尔半径	$a_{\mathrm{o}} = \dfrac{\hbar^2}{m_{\mathrm{e}} c^2}$	$5.292 \times 10^{-9} \mathrm{cm}$
精细结构常数	$\alpha = \dfrac{e^2}{\hbar c}$	$7.29735 \times 10^{-3} \approx 1/137$
里德伯常数	$hcR_\infty = \dfrac{m_{\mathrm{e}} e^4}{2\hbar^2}$	$13.606 \mathrm{eV}$
阿伏伽德罗常数		6.0221×10^{23}

表 2   天文常数或单位

太阳质量	$M_\odot$	$1.989 \times 10^{33} \mathrm{g}$
太阳半径	$R_\odot$	$6.961 \times 10^{10} \mathrm{cm}$
太阳光度	$L_\odot$	$3.828 \times 10^{33} \mathrm{erg \cdot s^{-1}}$
地球质量	$M_\oplus$	$5.965 \times 10^{27} \mathrm{g}$
地球半径	$R_\oplus$	$6.371 \times 10^8 \mathrm{cm}$
哈勃膨胀率 *	H_0	$100h \ \mathrm{km \cdot s^{-1} \cdot Mpc^{-1}}$
	h	0.674 ± 0.005
物质密度参数 *	Ω_{M}	0.315 ± 0.007
暗能量密度参数 *	Ω_Λ	0.6847 ± 0.0073
年	yr	$3.15576 \times 10^7 \mathrm{s}$

续表

央斯基	Jy	$10^{-23}\mathrm{erg}\cdot\mathrm{s}^{-1}\cdot\mathrm{cm}^{-2}\cdot\mathrm{Hz}^{-1}$
天文单位	AU	$1.496\times10^{13}\mathrm{cm}$
光年	ly	$9.461\times10^{17}\mathrm{cm}$
秒差距	pc	$3.086\times10^{18}\mathrm{cm}$
		$=3.26\mathrm{ly}$
弧度		$57°17\,'45'' = 206265''$

目　　录

绪　　论

如果以一种超凡的视角来观察宇宙,我们会发现它就像是一团不断膨胀的"气体",而组成这团气体的"分子"恰是一个个形态各异的星系。再当我们仔细审视每一个星系的时候,又会发现这一团旋转的"云"可以继续分解为千亿颗如太阳般的恒星。因此,探索恒星的前世今生和未来无疑是我们打开所有宇宙奥秘的第一把钥匙。从托勒密到哥白尼再到牛顿,从赫歇尔到爱丁顿再到钱德拉塞卡,人们对于恒星 (太阳)性质的认识不断走向深入,为天体物理学奠定了最为重要的一块基石。

0.1　中子星概念的形成

对于恒星乃至几乎所有天体而言,它们的一生始终是一部与万有引力相爱相杀的历史。从恒星诞生于星云、维持于主序核燃烧、毁灭于引力坍缩、归寂于致密天体,概莫如此。引力主宰着宇宙中所有亮、暗物质的流动,而运动所导致的离心效应则是物质抵抗引力的天然法宝,这种运动既指宏观亦指微观。微观的无规运动在宏观上即表现为气体的压强。当一团足够巨大的星云在引力的作用下开始坍缩、分裂,分裂、坍缩,引力势能的释放将不断加速气体分子的无规运动,使其内能增加,逐渐导致温度升高、压强变大、坍缩减缓。在温度达到一定临界条件时,坍缩气体的核燃烧将被最终点燃,其导致的巨大压强将使引力坍缩完全停止,恒星得以形成。此后,通过源源不断的热核聚变,恒星将长久地维持于高温的状态以保证其与引力达到平衡的气体压强。然而,伴随着不可逆的核聚变在数千万至数百亿年后走向终结,恒星核心的气体压强最终将无以为继,它儿时的引力坍缩噩梦再次降临。随着恒星核心的引力坍缩,其半径将不断缩小,而物质的密度将不断增大。那么,这个过程的终点将在哪里呢?

1844 年, F. W. Bessel 发现天狼星的伴星是一颗具有太阳质量但很难被观测到的奇特天体 [1]。数十年后,人们发现这个被称作"小狼"的天体具有天狼星千分之一的光度和大概 20000K 的温度,据此它被定性为一颗白矮星。基于"小狼"的质量、光度和温度,我们容易发现白矮星的半径大概与地球相当,因而其密度将高达 $10^6 \mathrm{g \cdot cm^{-3}}$,是一种前所未知的物质状态。1926 年,基于 E. Fermi 和 P. Dirac 所发现的费米子量子统计规律, R. H. Fowler 提出,在白矮星密度下从原子中电离出来的大量自由电子将形成非常强大的简并压,远高于白矮星温度下的热压强 [2]。这个理论可以很好地解释具有强大引力场的白矮星为什么能够稳定存在。

同时也使人们认识到，恒星核心的坍缩必将经历电子简并压的快速增长，从而可能阻碍坍缩过程的进一步发生，使其止步于一颗稳定白矮星的形成。换言之，观测到的白矮星正是恒星核心坍缩的一种自然产物。不同于普通的恒星，白矮星的支撑压取决于它的密度而非温度，因而其存在不再依赖于额外的能源供给。这个结局无疑使得恒星演化理论变得完整而美妙。然而，S. Chandrasekhar 却意识到，随着密度的增大，电子气的费米能将很容易达到甚至超过它的静能量从而成为相对论性气体。在此情况下，电子简并压随密度增长的趋势将变得十分疲软，将无力支撑相应密度下的引力，其结果是白矮星的质量将存在上限，即钱德拉塞卡极限 $(1.44 M_\odot)$ [3,4]。

L. Landau 提出比白矮星更致密的天体可能就像是一个巨大的原子核，其基本组成单元是一种电子和质子"紧密结合"的未知粒子 (即后来所称的中子)。1932 年，就在 L. Landau 的设想正式发表之际 (见文献 [5] 附录中的介绍)，J. Chadwick 通过利用 α 粒子 (氦原子核) 轰击铍，再用铍所产生的射线轰击氢、氮，首次发现了中子 [6,7]，从而使人们真正认识到原子核由中子和质子所组成。随着中子的发现，W. Baade 和 F. Zwicky 在 1934 年研究超新星现象的论文中首次明确提出了中子星这个名词，并正确地指出超新星现象应起源于大质量恒星向中子星转化的过程 (图 0.1)，该过程中释放出来的巨大引力势能正是超新星爆发的能量来

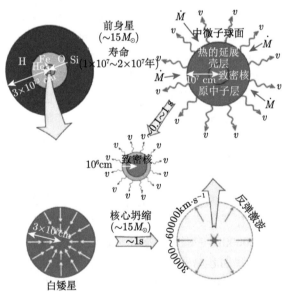

图 0.1　大质量恒星核心坍缩形成中子星的过程示意图 (按照箭头所指的顺序分别经历铁核坍缩、白矮星中间状态、反弹激波形成、中微子扩散、中子星形成这几个不同的阶段)。图源：文献 [9]

源[8]。随后，在 R. C. Tolman 给出的爱因斯坦场方程的静态球对称解[10] 基础上，J. R. Oppenheimer 和 G. M. Volkoff 给出了描述中子星流体静力学平衡的微分方程 (称为 TOV 方程)[11,12]，并利用多方物态求解该方程而得到了中子星内部的物质分布情况以及它的质量和半径大小。此外，从观测角度考虑，人们也非常关心中子星表面的热辐射性质。通过研究它们的冷却机制和过程，人们发现中子星表面的温度将在百万年内主要维持在数十万到百万开尔文的量级，因而其热辐射将出现在 X 射线能段。而以当时的技术来说，要通过 X 射线观测来发现中子星是完全不可行的，因而对这种天体的研究很快就陷入了低谷。

0.2 多波段、多信使观测

1962 年，R. Giacconi 利用火箭搭载技术终于实现了面向宇宙的 X 射线观测，开启了 X 射线天文学时代的大门[13]。当时，便马上有人将第一个观测到的宇宙 X 射线源 Scorpius X-1 和中子星的热辐射相联系，并在其后几年不断引发相关的讨论和研究。这些工作为 1967 年射电脉冲星的发现做出了重要的理论预热。

20 世纪 60 年代，受益于第二次世界大战以来十分成熟的雷达技术，射电天文学迅速发展并迎来了高潮。1967 年，S. J. Bell 和她的研究生导师 A. Hewish 发现了一种具有准确周期性的射电脉冲信号 (图 0.2)。经过分析，人们认为这种周期性信号很可能来自于一种旋转天体的辐射 (类似于灯塔的效应)，并将这种天体命名为脉冲星[15]。更具体来看，只有当脉冲星具有像中子星那样的质量、体积和密度时，才能够成功解释观测到的射电脉冲辐射强度和发生频率。同年，在不知道发现脉冲星的情况下，F. Pacini 指出，如果中子星具有很强的磁场并能够快速旋转，那么它们就可能发出低频的电磁波辐射[16]，从而造成某种观测效应。因此，人们认为射电脉冲星辐射的能量应主要来自于中子星的旋转能[18]。其实在发现脉冲星之前两年，A. Hewish 和 S. E. Okoye 还曾在蟹状星云中发现过一个具有高亮温度的奇特射电源[17]，后来便知道该射电源正是位于该星云中间的一颗中子星。蟹状星云和它中心的这颗中子星都是我国宋史中所记载的发生在 1054 年 (宋至和元年) 的壮观超新星爆发事件的遗物 (图 0.3)。无论如何，脉冲星的发现终于使中子星从一个理论猜想变成了一个可被实际观测的真实天体，无疑称得上是天文学史上的一个里程碑。A. Hewish 也因此被授予了 1974 年的诺贝尔物理学奖。这一重大发现重新激发了人们对于中子星的研究热情。在观测方面，脉冲漂移、脉冲消零、周期跃变等越来越多的辐射特征被不断地揭示，其中还包括一些脉冲极度缺失的旋转射电暂现源。人们甚至认为，当前炙手可热的快速射电暴现象也很可能和中子星的射电辐射存在密切联系。在理论方面，T. Gold, J. P. Ostriker, J. E. Gunn, P. Goldreich, W. H. Julian, P. A. Sturrock, F. C. Michel, M. A.

Ruderman, P. G. Sutherland 等天体物理学家在 20 世纪 60~70 年代就已迅速建立起一整套描述射电脉冲星辐射机制的电动力学理论体系 [18-24]。总体认为，中子星应具有以偶极为主的强磁场结构。在星体周围充斥着与星体共转的高度电离的等离子体，称为磁层，这里是各种脉冲辐射的产生之所。不过，当前的一些观测也表明，多极场结构有时候会变得非常显著，可以使其辐射性质更为丰富。

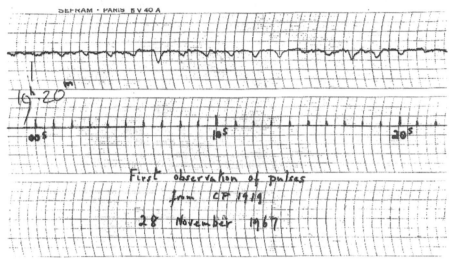

图 0.2　S. J. Bell 记录下的第一个脉冲星信号 (CP1919，周期为 1.3s)。图源：文献 [14]

1967 年之后，中子星研究顺理成章地在 X 射线波段快速发展起来，使射电波段的孤立星研究扩展到 X 射线波段的双星系统。首先，通过检查 Scorpius X-1 的 X 射线和光学观测结果，I. S. Shklovsky 提出这些辐射应来自于处于吸积状态的中子星 [25]。其后，R. Giacconi 等成功地从 X 射线源 Centaurus X-3 中发现了一个周期为 4.8s 的脉冲信号，并指出这种 X 射线脉冲辐射是由于中子星从伴星或星际介质中吸积物质到星体表面上所导致的 [26]。在这种情况下，脉冲辐射的能量来源是吸积物质的引力势能而非中子星的旋转能。1975 年，J. Grindlay 和 J. Heise 更是从中子星 X 射线源中发现了两次短暂的 X 射线爆发 (流量增加 10 倍左右) [27]。这些发现使人们对中子星双星系统产生了浓厚的兴趣。1982 年，D. C. Backer 等发现了第一颗毫秒脉冲星 [28]，每秒钟可转 642 次，被认为正是在双星系统中吸积加速的结果。与此同时，这种极快的旋转状态对脉冲星的质量和半径给出了极为严格的限制，进一步强化了脉冲星的中子星属性。值得注意的是，X 射线脉冲星并不总是处于双星系统中，有时候也可以是孤立的，并具有旋转驱动和吸积驱动所不能解释的辐射光度。1992 年，R. C. Duncan 和 C. Thompson 最早在理论上研究了一类具有超朗道临界磁场的特殊中子星 (称为磁陀星) [29]，可以为这些反常的 X 射线脉冲星以及其他一些软伽马射线重复暴现象提供很好的解释。在这些现象中，星体的辐射主要由磁能耗散驱动，而高度扭曲的强磁场所引发的一些不稳定性也将自然导致 X 射线暴等剧烈活动频繁发生。

(a)

(b)

图 0.3 对超新星 SN 1054 的历史记载 (a) 和蟹状星云的多波段合成照片 (b)；其中红色表示 Karl G. Jansky 甚大望远镜 (VLA) 拍摄的射电辐射，黄色表示 Spitzer 空间望远镜拍摄的红外辐射，绿色表示 Hubble 空间望远镜拍摄的可见光辐射，蓝色表示 XMM-Newton 望远镜拍摄的紫外辐射，紫色表示 Chandra X 射线天文台拍摄的 X 射线辐射

针对中子星的 X 射线观测还进一步揭示，中子星对外的能量输出实际上不仅仅通过磁层的脉冲辐射，这可能只占中子星全部能量输出的一小部分。从整体上看，中子星的旋转能将主要通过以低频电磁波和等离子体 (常以正负电子对为主) 相耦合的坡印亭外流形式输出，并将在远大于中子星半径的尺度上逐渐转化为相对论性的脉冲星风。在该星风的演变和最终冲击到外围超新星抛射物的过程中，将可能产生明亮的脉冲星风云辐射。不妨让我们再次凝视蟹状星云，可以看到，在它的中间脉冲星风云的辐射正在 X 射线望远镜的镜头下熠熠生辉、璀璨夺目 (见图 0.3 中多波段照片的紫色部分)。不过，要在理论上精确重现坡印亭能流转化为相对论性星风的具体过程并不是一件容易的事情。一般相信，大尺度磁场的重联极有可能在其中扮演了重要的角色 [30, 31]。

再来看处于双星系统中的中子星，它们实际上也不一定总是处于吸积的状态，很多时候也可能只是在做简单的轨道运动，观测表现为脉冲星的脉冲到达时间具有明显的轨道调制。此时，如果中子星和主序伴星的星风都很强烈，星风之间的相互作用就有可能造成可被观测的辐射信号 [32]。近年来，Fermi 伽马射线望远镜所看到的不少伽马射线源便有可能属于这种星风相互作用系统 [33]。在某些情况下，中子星的星风甚至还可能深度剥离主序伴星的包层物质乃至完全摧毁主序伴星，从而仅剩下一颗加速后的孤立毫秒脉冲星。更使人感兴趣的是，中子星双星系统进一步演化的结果还有可能导致双中子星系统的形成。1974 年，R. Hulse 和 J. H. Taylor 发现了第一个双中子星系统 PSR B1913+16 [34]，其中一颗可以观测到脉冲辐射。利用它的周期性信号，可以很好地限制两颗致密星绕质心公转的轨道参数。基于这种轨道调制效应，1992 年 A. Wolszczan 和 D. A. Frail 甚至还在毫秒脉冲星 PSR1257+12 的周围发现了两颗质量分别为地球质量 2.8 倍和 3.4 倍的行星 [35]，一举开创了系外行星这一全新的探索方向。之后，M. Burgay 等又在 2003 年首次发现了第一对双脉冲星系统 PSR J0737-3039 [36, 37]，为精确地测定双星参数和严格检验广义相对论效应创造了更佳的机会。

根据广义相对论，两个天体的相互绕转可以导致引力波辐射，辐射的强度高度依赖于系统的致密性。因此，双中子星系统被认为是宇宙中最理想的引力波辐射源之一。引力波辐射的能量来自于双星绕转轨道的引力势能。因此，随着引力波的持续辐射，双星系统的轨道半径和周期将变短。J. H. Taylor 等对 PSR B1913+16 做了持续数十年的跟踪观测，发现其轨道变化与广义相对论的预言高度一致，间接证明了引力波辐射的存在。他们也因此获得了 1993 年的诺贝尔物理学奖。受此项发现的激励，从信号最强的双中子星并合事件中直接探测到引力波辐射成了几代物理学家孜孜以求的科学目标。经过数十年的努力，2017 年 8 月 17 日美国激光干涉引力波天文台 (LIGO) 和欧洲室女座引力波天文台 (Virgo) 终于首次探测到了来自于双中子星并合事件 GW170817 的引力波辐射 [38]，完成了几代人的夙愿。在这一事件中，人们还同时观测到了与引力波信号成协的短时标伽马射线暴辐射和千新星辐射[39]。这些多波段辐射信号对并合过程产生的抛射物性质乃至并合产物性质给出了重要的限制，开启了天文学多信使研究的新时代。

0.3 不断发展的前沿

半个多世纪以来的天文观测不断为人们理解中子星的各种物理细节提供着重要的依据，尤其是它们的磁场、磁层结构以及产生各类辐射信号的机制，甚至是它们的大气层和内外壳层的组成成分以及局部的热核爆发过程等。但是，时至今日，人们对于中子星最内部的物质状态却仍然知之甚少。而实际上，从中子星概念最初被提出开始，所有中子星研究的一个最终指向始终在于揭示中子星内部究竟由何种物质所组成并处于何种状态。这是一个事关基本物理的核心科学问题。

1964 年，M. Gell-Mann 和 G. Zweig 提出了强子结构的夸克模型[40,41]。以此为基础建立起来的粒子物理标准模型为中子星的内部物质组分提供了更多的可能性。1984 年，E. Witten 和 E. Farhi、R. L. Jaffe 计算发现，在很大的参数范围内由 u、d、s 三味夸克组成的奇异夸克物质可以是物质的真正基态[42,43]，从而动摇了人们一直认为的铁-56 最稳定的观点。在此设想下，中子星的物理本质也许有可能是奇异夸克星或者是奇子 (徐仁新等理论上设想的由若干夸克所组成的类强子结构[44]) 星，它们的基本属性同样可以和脉冲星观测相吻合。同时，奇异夸克星也可以表现出一些独特的属性，比如表面数千飞米范围内可能存在强电场，它们的质量和半径可以非常小等。鉴于此，黄永锋等提出，可通过寻找脉冲星周围的密近奇异夸克行星或通过探测脉冲星与奇异夸克行星并合时的引力波辐射来鉴别奇异夸克天体[45,46]。无论如何，微观物理的不确定性极大地增加了中子星研究的自由度。除了传统的中子星和上述提到的奇异夸克星外，还有超子星、混合星/混杂星、中子超流、质子超导、介子凝聚和夸克色超导等一系列新的概念被陆续引入到中子星研究中[47]，它们之间的最大区别主要反映在对星体内核组分的不同构造上。因此，当我们现在再讲中子星这个名词的时候，除非加以特别说明，它实际上常常会是一个非常广义的概念，包含了很多不同的物理内涵。这种现状使得针对中子星的天文观测成为人类探索微观物理的新途径，并具有地面实验室所不具有的特殊优势。

原则上人们可以从多个角度去设法鉴别中子星的不同物质属性，但最有力的观测判据可能还是确定中子星的质量上限及其质量半径关系 (见图 0.4 中的测量结果)，尽管这是一个非常困难的工作。近年，人们利用测量双星轨道的 Shapiro 延迟等方法，找到了数例具有较大质量的中子星，其中最大的质量达到了 $2.14^{+0.20}_{-0.18}M_\odot$ [49]。它为中子星的极限质量给出了下限。更重要的是，基于最新实现的引力波探测，如

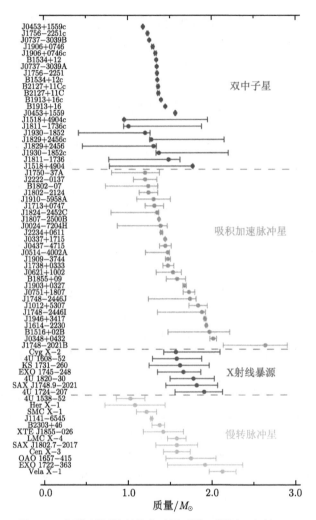

图 0.4   各类观测得到的中子星质量。图源：文献 [48]

果我们能够准确判定双中子星并合产物的属性，那将为我们提供中子星极限质量更严苛的上限或下限。与此同时，通过拟合引力波波形所得到的星体形变量也成为近年限制中子星物态的一种全新的有效方法[38]。此外，发生在中子星表面的一些热核暴或磁暴现象也是人们限制星体质量和半径的一条重要途径。搭载于国际空间站的中子星内部组成探测器 (NICER) 正通过观测中子星的 X 射线热斑辐射试图同时测定它们的质量和半径，并已得到一些很好的结果，如发现 PSR J0030 拥有 $(1.3 \sim 1.4)M_\odot$ 的质量和约 13km 的半径[50]。除了它们的结构参数外，中子星的旋转和冷却性质也与其内在的物质组分存在着紧密的联系，因而也是天文观测的重点。2007 年，Rossi X 射线时变探测器 (RXTE) 通过观测 X 射线暂现源

XTE J1739-285 的热核暴发现了 1122Hz 的振荡频率[51]，暗示其中可能存在着一颗迄今已知转得最快的中子星。这对星体物质的黏滞性提出了非常高的要求，以能够抑制这种情况下的各种流体力学不稳定性。2010 年，通过分析 Chandra 望远镜所积累的过去十年 Cassiopeia A 脉冲星的 X 射线辐射数据，人们发现其冷却速度远远超过了通常中微子辐射主导下的冷却速度[52]。这在一定程度上表明该中子星可能正在经历从核物质正常态向超流态的相变过程。可以看到，随着天文观测能力的不断提升，人们总是可以从新的视角来审视中子星，不断地对中子星的物理属性做出更全面的检验。

近二十年来，随着时域天文研究的不断发展，人们对超新星和伽马射线暴等恒星爆发现象也有了越来越丰富的认识。1998 年，戴子高和陆埮提出，一部分伽马射线暴的残留中心致密天体可能正是一颗处于极限旋转状态的磁陀星 (即毫秒磁陀星)[53,54]，其理论预言受到了数年后 Swift 卫星观测结果的强力支持，从而使中子星研究在暂现源现象中大放异彩。近年来发现的一类极为明亮的超亮超新星便是一个重要的例证[55]，它们的光度演化常常可以与毫秒磁陀星的自转能损相一致[56,57]，却很难由传统的镍-56 衰变作理论解释。更为重要的是，戴子高等还在 2006 年提出，双中子星并合后的产物可能仍然是一颗大质量的中子星[58]，这一观点对于理解短伽马射线暴的诸多观测特征具有重要帮助。尤其是通过分析 GW170817 引力波事件中的千新星辐射，俞云伟等提出该事件的并合产物便很可能是一颗大质量中子星[59]。如果事实确实如此，那就意味着中子星的极限质量可以达 $2.5M_\odot$ 以上，这将对中子星的物态和起源提供极为强烈的限制[60]。由此可见，双中子星并合产物的属性无疑将是未来引力波探测和多信使天文学研究有待解决的一个重大问题。双中子星并合产物可能是大质量中子星的设想同时也表明，宇宙中的中子星可能具有多种不同的起源，不单单只来自于超新星爆发。不同起源的中子星甚至可能具有不同的物态 (即有些星体可能处于亚稳态)。实际上，早在 1976 年 R. Canal 和 E. Schatzman 就曾指出，吸积白矮星在质量趋近于钱德拉塞卡极限的时候，有可能经吸积诱导坍缩为一颗中子星[61]，而不一定如通常认为的总是导致 Ia 型超新星爆发。而目前观测上也的确发现了不少起源未知的暂现源现象，为人们提供了遐想的空间。鉴于此，我们有理由相信当前以及未来的暂现源观测能够为中子星研究打开一扇全新的窗口，对于我们了解中子星初生时期的状态具有至关重要的价值。

综上所述，中子星的研究既久远悠长，又生机盎然、热点纷呈，在它们的身上仍然存在着一系列的谜团有待探索，并为人们研究极端条件 (高密度、强引力场、强电磁场) 下的物理规律提供了天然的实验室。同时，现代天文观测技术的快速发展正逐渐使得这种探索达到一种前所未有的广度和深度，而其中我国自主研发的一些大科学装置 (如 500m 口径球面射电望远镜 (FAST)，图 0.5；"慧眼"硬 X

射线调制望远镜 (Insight-HXMT) 等) 也正逐渐发挥出特有的效力。最后，让我们回到本书开头的那一段描述，因为中子星无论如何都存在着质量上限，所以当那些最大质量的恒星坍缩的时候，其核心的密度终将远远超过核密度。然而，此时再讨论物质的状态似乎已变得无意义了，因为所有的物质信息都将禁闭在一个无限弯曲的时空中而不可窥测。也就是说，它将最终不可避免地坍缩为一个黑洞。当然，这将是另一个波澜壮阔的新故事了。

图 0.5　我国 500m 口径球面射电望远镜 (FAST)

第 1 章 致 密 物 质

1.1 恒星的核心坍缩

中子星 (neutron star) 是宇宙中密度仅次于黑洞的致密天体，其密度达到甚至超过原子核的密度。这种极端密度条件无法在地球环境下出现，但可以出现于特殊的天体物理过程中。人们很早就发现，**白矮星 (white dwarf)** 的平均密度可以高达 $\sim 10^6 \mathrm{g \cdot cm^{-3}}$ 的量级，它们由小质量恒星 ($\lesssim 8M_\odot$) 的核心坍缩而成。白矮星主要依靠自由电子气的简并压抵抗引力而达到力学平衡。这里的问题是，如果密度过高，电子将极易达到相对论性而使简并压无法随密度快速增长，从而使白矮星难以稳定 (详见第 2 章)。白矮星钱德拉塞卡质量极限的存在，说明较大质量 ($\gtrsim 8M_\odot$) 的恒星在演化末期的核心坍缩并不会止步于白矮星的状态。那么，只要没有新的力量来阻止这种坍缩，恒星核心的密度将一直增长，最终达到甚至超过原子核的密度便不足为奇。不妨让我们简单考察一下此时的物质状态和一些可能发生的物理过程。

假设恒星的核心具有太阳量级的质量 (即 $M_{\mathrm{core}} \sim M_\odot$)，当其平均重子数密度达到核饱和物质密度 (对应核子间相互作用势取最小值) $n_{\mathrm{sat}} \sim 0.16\ \mathrm{fm^{-3}}$ 时，它的半径可以估计为

$$R \sim \left(\frac{3M_{\mathrm{core}}}{4\pi\rho_{\mathrm{sat}}} \right)^{1/3} \sim 12\mathrm{km} \tag{1.1}$$

这显然比白矮星要小很多。在星核从极大尺度收缩到十多千米的过程中，必然有巨大的引力势能被释放出来。假设密度分布均匀，则释放的引力势能可以估计为

$$\Delta U = -\frac{3}{5}\frac{GM_{\mathrm{core}}^2}{R_{\mathrm{i}}} + \frac{3}{5}\frac{GM_{\mathrm{core}}^2}{R_{\mathrm{f}}} \sim 10^{53}\mathrm{erg} \tag{1.2}$$

其中，R_{i} 和 R_{f} 分别为初始态和末态的半径，且有 $R_{\mathrm{i}} \gg R_{\mathrm{f}} \sim 10\mathrm{km}$。这些能量如果有一半可以转化为星核的内能，就将使其具有极高的温度。假设星核完全由 $^{56}\mathrm{Fe}$ 原子核和电子组成，则每个铁原子核至少可以分到数百 MeV 到 GeV 量级的能量，这将足以使这些铁原子核发生快速的光致分解反应：

$$^{56}\mathrm{Fe} + 124.4\mathrm{MeV} \longrightarrow 13\,^4\mathrm{He} + 4\mathrm{n} \tag{1.3}$$

$$^4\mathrm{He} + 28.3\mathrm{MeV} \longrightarrow 2\mathrm{p} + 2\mathrm{n} \tag{1.4}$$

由此可见，当星核坍缩到核饱和密度的时候，它将仅具有质子 p、中子 n 和电子 e 这样的简单物质组分，这里称其为 **npe 气体**。更一般性的，这种主要由核子组成的物质可称为**核物质 (nuclear matter)**。鉴于这些粒子都是费米子，并且质子和中子的质量都比电子大很多，因此它们的相对论性程度就会比较低，就有望通过它们的简并压来阻止星核的进一步坍缩。一旦新的力学平衡能够建立，那就意味着一颗新的**致密星 (compact star)** 得以诞生。不过，这种力学平衡是否真的能够建立，还需仔细分析。

要了解 npe 气体的性质，我们需首先认识中子。中子是一种电中性的粒子，具有和质子几乎相同的质量。氢 (氕) 以外所有元素的原子核均是由中子和质子组成的。不过，处于原子核之外的自由中子却是极不稳定的，其平均寿命为 879.4s，其后将很快衰变为一个质子、一个电子和一个反电子中微子：

$$n \to p + e + \bar{\nu}_e \tag{1.5}$$

因衰变产生的电子流通常称为 β 射线，所以该衰变过程被称为 **β 衰变**。相比于中子，质子则是一种极其稳定的粒子，其半衰期至少有 10^{35} 年。基于这样的认识，我们不禁产生一个问题：由铁原子核离解而来的 npe 气体是否会很快就转变为单纯由质子和电子组成的物质呢？如果这样，那么新形成的致密星是不是更应该被称作质子星而非中子星？

实际上，自然界如果没有中子，原子核将缺乏足够的核力吸引，它们就将在质子强大的库仑排斥作用下变得不稳定。所以，尽管元素的化学性质往往只决定于核电荷数 (质子数)，中子的多少似乎并不关键，但其实正是由于原子核中存在中子，自然界才可能产生这么多种类的元素，世界才可能变得如此丰富多彩。中子广泛存在于各种元素原子核中的事实说明，在一定条件下 (比如密度足够高的情况下) 中子还是能够稳定存在的。所以，除了 β 衰变，自然界中还可能发生从质子到中子的反向转变，即 **逆 β 衰变**：

$$p + e \to n + \nu_e \tag{1.6}$$

其中，ν_e 表示电子中微子。不过，人们也发现，原子核里面的中子数目往往并不会比质子多太多。如果分别以中子数和质子数为横、纵坐标画一张图，我们会发现所有稳定的元素都大致处在对角线附近，这个区域通常称作核素的稳定岛，如图 1.1 所示。如果原子核中的中子数过多，那么中子的不稳定性就会体现出来，使该原子核具有放射性。这种原子核就会通过一些衰变过程移动到稳定岛上，但是也绝对不会把中子全部衰变掉。这就说明 β 衰变和逆 β 衰变会最终达到一种平衡的状态，使质子和中子的数目保持一定的比例。因此，如果我们要想描述恒星核心坍缩后所形成的 npe 气体的状态，就必须弄清楚什么情况下可以实现 β 平衡，在该平衡控制下质子和中子的数目之比又是多少。

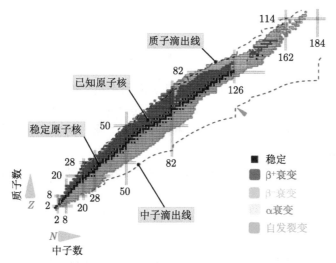

图 1.1   以中子数和质子数为横、纵坐标的核素稳定岛

　　无论是 β 衰变还是逆 β 衰变，都会导致中微子或反中微子大量产生。一般情况下，如果系统的温度低于 $\sim 10^{10}$K，正反中微子与 npe 粒子之间的作用是非常微弱的。换句话说，正反中微子一旦产生，便可以马上离开星体，而不会对星体物质的属性产生多少影响。不过，在星核刚刚坍缩完的那一刻，因为温度非常高 (见式 (1.60))，那时的 npe 气体对于中微子仍是不透明的[62]。中微子大概需要经过数秒 (具体的时间依赖于初始温度) 的时间才能从星体内部扩散出去。这种处于中微子受限状态的炽热坍缩星核可称为**原中子星 (proto-neutron star)**。而一旦中微子在数秒后成功逃逸，星体的温度将显著下降，之后的中微子逃逸将变得完全自由。伴随着这个过程，恒星的包层物质将被原中子星所释放的巨大能量炸开，导致天文学家观测到**超新星 (supernova)** 现象 (见第 10 章)。

1.2   npe 气体

1.2.1   β 平衡

　　热力学告诉我们，一个"化学"反应能够达到平衡的条件是反应式两边的化学势相等。那么，对于 β 衰变和逆 β 衰变来说，达到 β 平衡的判据就可以写为

$$\mu_n = \mu_p + \mu_e \tag{1.7}$$

这里 $\mu_{i=n,p,e}$ 分别表示这三种粒子的化学势，正反中微子由于自由逃逸其化学势为零。因为中子、质子和电子都是费米子，所以在有限温度特别是零温条件下，我

们可以用它们各自的费米能 $\varepsilon_{F,i=n,p,e}$ 来表示化学势的大小，因此有

$$\varepsilon_{F,n} = \varepsilon_{F,p} + \varepsilon_{F,e} \tag{1.8}$$

不妨简单回顾费米子的统计物理性质。基于泡利不相容原理，一个量子态上只能占据一个费米子。在零温条件下，粒子必然是从最低能态开始逐渐占据高能态，从而在相空间中形成一个"球"形的占据空间，"球"的半径 p_F 称为**费米动量 (Fermi momentum)**。

鉴于粒子数和量子态之间的一一对应关系，我们可以通过下式来计算粒子数密度，即

$$n = \frac{2}{h^3}\int_0^{p_F} 4\pi p^2 \mathrm{d}p = \frac{8\pi}{3h^3}p_F^3 \tag{1.9}$$

这里普朗克常数的三次方 h^3 表示单个量子态的相空间 (相格) 体积。积分表示单位体积费米气体在相空间中所占"球"形区域的相体积，用它除以相格体积，再考虑到自旋对量子态的区分作用 (即乘以系数 2)，就得到了单位体积的量子态数目，也即粒子数密度。利用上式，可将费米动量反表示为粒子数密度的函数

$$p_F = (3\pi^2 n)^{1/3}\hbar \tag{1.10}$$

忽略粒子间的强作用，则粒子的**费米能 (Fermi energy)** 可以由色散关系 (即能量和动量的关系) 给出：

$$\varepsilon_F = \sqrt{p_F^2 c^2 + m^2 c^4} \tag{1.11}$$

其中 m 是费米子的质量。对应于非相对论性和相对论性情形，可以分别近似为 $\varepsilon_F = p_F^2/2m$ 和 $\varepsilon_F = p_F c$。

令 $x_i = p_{F,i}/m_i c$(表征了该粒子相对论性的程度)，则 β 平衡方程 (1.8) 可以改写为

$$m_e\sqrt{1+x_e^2} = m_n\sqrt{1+x_n^2} - m_p\sqrt{1+x_p^2} \tag{1.12}$$

上式须在逆 β 衰变可以发生也即系统的密度达到一定条件 (临界密度) 的情况下方能成立。x_i 的值随着密度的增加而单调增加。考虑到中子和质子的质量远大于电子，我们可以知道，随着密度的增加，一定是电子率先成为相对论性气体而质子和中子则仍是非相对论性的。所以在临界密度附近，我们一定有 $x_e \gg x_p \sim x_n \sim 0$。此时，β 平衡方程可简化为

$$m_e\sqrt{1+x_e^2} = m_n - m_p \equiv Q \tag{1.13}$$

从中可以解出 $x_e = \sqrt{(Q/m_e)^2 - 1}$，其对应的电子数密度为

$$n_e = \frac{1}{3\pi^2 (\hbar/m_e c)^3} \left[\left(\frac{Q}{m_e} \right)^2 - 1 \right]^{3/2} \tag{1.14}$$

在此临界密度，中子尚不能稳定存在，物质的质量密度可以完全由质子质量密度给出。再根据系统的电中性要求，质子的数密度应等于电子的数密度，因此此时的质量密度可计算为

$$\rho_{\rm crit} = n_p m_p = n_e m_p = 1.2 \times 10^7 {\rm g \cdot cm}^{-3} \tag{1.15}$$

上式表明，逆 β 衰变须在系统密度显著高于白矮星平均密度的情况下才能发生，白矮星中的原子核基本上还都是正常的原子核。而对于具有核密度的环境，逆 β 衰变必然可以大量发生。

现在，我们来讨论临界密度以上处于平衡状态的 npe 气体的物质组分，仍然不考虑粒子间的强作用。在任何密度下，npe 理想气体都应满足电中性条件，即质子数始终等于电子数 $(n_p = n_e)$，因而有 $m_e x_e = m_p x_p$。据此可将 β 平衡方程改写为

$$m_p \sqrt{1 + x_p^2} + m_e \sqrt{1 + \left(\frac{m_p x_p}{m_e} \right)^2} = m_n \sqrt{1 + x_n^2} \tag{1.16}$$

由上式可以求解得到质子中子数目之比

$$\frac{n_p}{n_n} = \left(\frac{m_p x_p}{m_n x_n} \right)^3$$

$$= \frac{1}{8} \left\{ \frac{1 + \dfrac{2 \left(m_n^2 - m_p^2 - m_e^2 \right)}{m_n^2 x_n^2} + \dfrac{(Q^2 - m_e^2) \left[(m_n + m_p)^2 - m_e^2 \right]}{m_n^4 x_n^4}}{1 + \dfrac{1}{x_n^2}} \right\}^{3/2} \tag{1.17}$$

因为有 $Q \ll m_n$ 和 $m_e \ll m_n$，上式可进一步简化为

$$\frac{n_p}{n_n} = \frac{1}{8} \left[\frac{1 + \dfrac{4Q}{m_n x_n^2} + \dfrac{4 (Q^2 - m_e^2)}{m_n^2 x_n^4}}{1 + \dfrac{1}{x_n^2}} \right]^{3/2} \tag{1.18}$$

根据上式，可以画出 $x_n \sim 1$ 附近质子中子数比 n_p/n_n 对 x_n 的依赖关系，如图 1.2 所示。由于 x_n 值和密度的一一对应，该图反映的也就是 n_p/n_n 值对密度的依

赖关系。可以看到，从临界密度开始，随着密度增大，$n_{\mathrm{p}}/n_{\mathrm{n}}$ 的值开始急速减小并很快达到最小值

$$\left(\frac{n_{\mathrm{p}}}{n_{\mathrm{n}}}\right)_{\min} = \left[\frac{Q + (Q^2 - m_{\mathrm{e}}^2)^{1/2}}{m_{\mathrm{n}}}\right]^{3/2} = 1.36 \times 10^{-4} \qquad (1.19)$$

对应于 $x_{\mathrm{n}} = \left[4\left(Q^2 - m_{\mathrm{e}}^2\right)/m_{\mathrm{n}}^2\right]^{1/4} = 0.0504$ 及相应的密度

$$\rho = n_{\mathrm{n}} m_{\mathrm{n}} = \frac{m_{\mathrm{n}}}{3\pi^2}\left(\frac{x_{\mathrm{n}} m_{\mathrm{n}} c}{\hbar}\right)^3 = 7.8 \times 10^{11} \mathrm{g} \cdot \mathrm{cm}^{-3} \qquad (1.20)$$

此后，$n_{\mathrm{p}}/n_{\mathrm{n}}$ 的值逐渐上升并趋于稳定，在 $x_{\mathrm{n}} \gg 1$ 时趋向于常数 1/8。这表明在极高密度下，npe 理想气体的组分是基本固定的，重子中包含 8/9 的中子和 1/9 的质子。而对于接近至数倍核饱和密度的范围，如对应 $x_{\mathrm{n}} \sim (0.3 \sim 0.5)$，$n_{\mathrm{p}}/n_{\mathrm{n}}$ 的值大概处于 $10^{-3} \sim 10^{-2}$ 的范围。由此可以知道，在中子星内部的高密度环境下，中子一定是占绝对多数的。

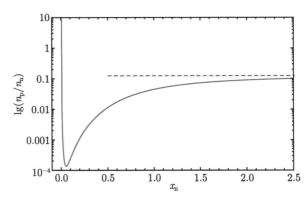

图 1.2　质子中子数比随 x_{n} 值的变化 (实线)。虚线表示极限值 1/8

记 npe 气体的质量密度为 ρ，则粒子数密度为 $n = \rho/m_{\mathrm{B}}$，这里的重子质量 m_{B} 可以直接取为中子的质量。相应的重子和电子 (扣除了静能量的) 费米能可分别计算为

$$\varepsilon_{\mathrm{F,n}} = \frac{p_{\mathrm{F,n}}^2}{2m_{\mathrm{n}}} = 141\rho_{15}^{2/3} \ \mathrm{MeV} \qquad (1.21)$$

$$\varepsilon_{\mathrm{F,p}} = \frac{p_{\mathrm{F,p}}^2}{2m_{\mathrm{p}}} = 6.5\rho_{15}^{2/3} Y_{\mathrm{e},-2}^{2/3} \ \mathrm{MeV} \qquad (1.22)$$

$$\varepsilon_{\mathrm{F,e}} = p_{\mathrm{F,e}} c = 111\rho_{15}^{1/3} Y_{\mathrm{e},-2}^{1/3} \ \mathrm{MeV} \qquad (1.23)$$

其中 $Y_e = n_e/n \simeq n_p/n_n$ 称为电子丰度，它的值就决定于前述 β 平衡方程。可以看到，对于典型的核物质密度 ($\sim 3\rho_{sat}$)，重子的化学势小于重子的静止质量，因而是非相对论性的，而电子则显然为相对论性，因此我们在计算它们的费米能时需采用不同的表达式。根据这些费米能，我们知道核密度下 npe 气体的**费米温度**可以高达 $T_F = \varepsilon_F/k_B \sim 10^{12}$K。所以，只要系统的温度在此费米温度之下，零温近似就总是合理的，而中子星正好始终满足这个条件 (见式 (1.60))。

β 衰变和逆 β 衰变 (合称为 **Urca 过程**) 这些弱反应过程并不会持续发生于绝对零度的情况。当然，实际的系统必然是有温度的，热涨落会使得部分粒子从费米面下面激发出来，促使反应的发生。这些粒子相较于费米面具有 $k_B T$ 的能量差，因此产生的中微子自然也具有此量级的能量。然而，从 β 平衡的计算可以知道，一般情况下我们常常有

$$p_{F,e} = p_{F,p} \ll p_{F,n} \tag{1.24}$$

所以，即使加上中微子的动量 $\sim k_B T/c$，这些 Urca 过程也无法实现动量守恒，意味着它们是被禁止发生的。那么，为了使这些反应能够真正发生，实际的反应中会加入一些旁观粒子 (可以是中子也可以是质子) 以吸收多余的动量，即 [63]

$$n + N \rightarrow p + N + e + \overline{\nu}_e \tag{1.25}$$
$$p + N + e \rightarrow n + N + \nu_e \tag{1.26}$$

这些反应称为**修改的 Urca 过程**。旁观粒子的出现将改变我们所讨论的 β 平衡方程，从而也将一定程度地改变中子和质子的数目比。不过，对于具有较大质量的中子星，在其核心密度足够高的情况下，因为电子的费米能显著超过了 μ 子的静能量 ($m_\mu c^2 = 105.66$MeV) 而使 μ 子得以产生。在这种情况下，电子和质子之间的电中性关系被解除，质子的丰度有可能被提高到 $n_p > n/9$，所以直接的 Urca 过程就有可能真实发生 [64]。

1.2.2 物态方程

处于热平衡状态的物质，其压强关于密度和温度的函数关系称为**物态方程 (equation of state, EOS)**，刻画的是这种物质的基本力学属性，在中子星研究中具有关键作用。

不妨先从大家熟悉的分子运动论讲起，气体的压强可以理解为气体粒子对"容器壁"集体弹性碰撞所造成的效果。每一次粒子碰撞对"壁"所施加的力可由冲量定理给出：$F = \Delta p/\Delta t$，其中 $\Delta p = 2p_x$ 是动量改变量，p_x 是 x 方向的动量分量，Δt 是碰撞所发生的时间，此处 x 方向为壁的反法线方向。设气体粒子数密

度为 n，则 Δt 时间内碰撞在单位面积上的粒子总数为 $nv_x\Delta t/2$，v_x 是 x 方向的速度分量。由此可以根据压强的定义得到

$$P = nv_x\frac{\Delta t}{2}\frac{2p_x}{\Delta t} = nmv_x^2 \tag{1.27}$$

其中 m 是气体粒子的质量并有 $p_x = mv_x$。考虑到气体中粒子的速度实际上并不是唯一的，而具有一定的分布，不妨记为 $f(v)$。那么上式可以改写为

$$P = nm\langle v_x^2\rangle = nm\int v_x^2 f(v)4\pi v^2\mathrm{d}v \tag{1.28}$$

因为 xyz 三个方向是平权的，并有 $v^2 = v_x^2 + v_y^2 + v_z^2$，所以不难知道 $\langle v_x^2\rangle = \frac{1}{3}\langle v^2\rangle$。于是，我们继续得到

$$P = \frac{nm}{3}\int v^2 f(v)4\pi v^2\mathrm{d}v \tag{1.29}$$

$$= \frac{1}{3}n\int pv f(v)4\pi v^2\mathrm{d}v \tag{1.30}$$

$$= \frac{2}{3}n\int \varepsilon f(v)4\pi v^2\mathrm{d}v = \frac{2}{3}u \tag{1.31}$$

其中，$p = mv$ 和 $\varepsilon = mv^2/2$ 分别是粒子的无规运动动量和动能，u 是气体的内能密度。对于通常温度为 T 的玻尔兹曼理想气体，我们知道气体粒子的热运动速率满足麦克斯韦速率分布律，即

$$f_{\mathrm{M}}(v) = \left(\frac{m}{2\pi k_{\mathrm{B}}T}\right)^{3/2}\exp\left(-\frac{mv^2}{2k_{\mathrm{B}}T}\right) \tag{1.32}$$

将上式代入式 (1.29)，容易得到 $u = \frac{3}{2}nk_{\mathrm{B}}T$ 和 $P = nk_{\mathrm{B}}T$，此即为玻尔兹曼理想气体的物态方程。

相比于上述推导过程，对于更一般性的气体，我们需要探讨对于压强的一般性热力学定义，并从统计物理角度加以计算。基于热力学第一定律

$$\mathrm{d}U = T\mathrm{d}S - P\mathrm{d}V \tag{1.33}$$

其中，U、T、S、P、V 分别为气体的内能、温度、熵、压强和体积，我们可以写出

$$P = -\frac{\partial U}{\partial V} = n^2\frac{\partial(u/n)}{\partial n} \tag{1.34}$$

其中，u 和 n 分别为内能密度和粒子数密度。该式反映了气体压强和内能密度之间的密切关系。可以说，求气体压强，本质上就是要写出气体单粒子的能量表达式。另外，也可以由热力学知道，特性函数巨热力学势恰好等于压强和体积乘积的负值。换句话说，气体压强可以定义为单位体积的负巨热力学势：

$$P = -\Omega \tag{1.35}$$

这些关于气体压强的不同热力学定义都是严格的、等价的。不过，统计物理的研究方法一般是，先利用配分函数求出特性函数，然后再利用热力学关系导出各种热力学参数。从这个角度来讲，第二种压强的定义更为基础，因为内能密度的表达式原则上也要来自于特性函数。所以，从一般性的理论角度，我们这里先利用开放系综的巨配分函数 $\widetilde{Z}$ 写出费米气体和玻色气体的巨热力学势 [65]：

$$\Omega = -k_{\mathrm{B}}T\ln\widetilde{Z} = \begin{cases} -k_{\mathrm{B}}T\dfrac{2}{h^3}\displaystyle\int \ln\left[1 + \mathrm{e}^{-\beta(\varepsilon-\mu)}\right]4\pi p^2\mathrm{d}p & \text{(费米气体)} \\[3mm] k_{\mathrm{B}}T\dfrac{2}{h^3}\displaystyle\int \ln\left[1 - \mathrm{e}^{-\beta(\varepsilon-\mu)}\right]4\pi p^2\mathrm{d}p & \text{(玻色气体)} \end{cases} \tag{1.36}$$

其中，$\beta = 1/k_{\mathrm{B}}T$，$\mu$ 是化学势，ε 和 p 分别是气体粒子的能量和动量，式中还考虑了每个量子态的简并度为 2(自旋或偏振)。

要对式 (1.36) 进行积分，首先需要确定气体粒子能量和动量之间的色散关系。对于非相对论性理想气体，我们有 $\varepsilon = p^2/2m$，因此可得

$$P_{\mathrm{nr}} = \pm k_{\mathrm{B}}T\frac{4\pi(2m)^{3/2}}{h^3}\int \ln\left[1 \pm \mathrm{e}^{-\beta(\varepsilon-\mu)}\right]\varepsilon^{1/2}\mathrm{d}\varepsilon \tag{1.37}$$

式中的正负号分别对应费米子和玻色子。再通过分部积分，我们有

$$\begin{aligned} P_{\mathrm{nr}} &= \pm k_{\mathrm{B}}T\frac{4\pi(2m)^{3/2}}{h^3}\left\{ \frac{2}{3}\varepsilon^{3/2}\ln\left[1 \pm \mathrm{e}^{-\beta(\varepsilon-\mu)}\right]\Big|_0^\infty \right. \\ &\quad \left. - \int_0^\infty \frac{2}{3}\varepsilon^{3/2}\frac{\mp\beta\mathrm{e}^{-\beta(\varepsilon-\mu)}}{1 \pm \mathrm{e}^{-\beta(\varepsilon-\mu)}}\mathrm{d}\varepsilon \right\} \\ &= \frac{2}{3}\frac{4\pi(2m)^{3/2}}{h^3}\int_0^\infty \varepsilon^{3/2}\frac{1}{\mathrm{e}^{\beta(\varepsilon-\mu)} \pm 1}\mathrm{d}\varepsilon \end{aligned} \tag{1.38}$$

该结果与式 (1.31) 完全一致。从中可以看到关于粒子能量的分布表达式

$$f(\varepsilon) = \frac{1}{\mathrm{e}^{\beta(\varepsilon-\mu)} \pm 1} \tag{1.39}$$

其中+和−号分别对应费米分布和玻色分布。

对于相对论性理想气体，利用 $\varepsilon = pc$ 可得

$$P_{\text{rel}} = \pm k_{\text{B}} T \frac{8\pi}{h^3 c^3} \int \ln\left[1 \pm \mathrm{e}^{-\beta(\varepsilon-\mu)}\right] \varepsilon^2 \mathrm{d}\varepsilon \tag{1.40}$$

再由分部积分给出

$$
\begin{aligned}
P_{\text{rel}} &= \pm k_{\text{B}} T \frac{8\pi}{h^3 c^3} \left\{ \frac{1}{3} \varepsilon^3 \ln\left[1 \pm \mathrm{e}^{-\beta(\varepsilon-\mu)}\right] \Big|_0^\infty \right. \\
&\quad \left. - \int_0^\infty \frac{1}{3} \varepsilon^3 \frac{\mp\beta\mathrm{e}^{-\beta(\varepsilon-\mu)}}{1 \pm \mathrm{e}^{-\beta(\varepsilon-\mu)}} \mathrm{d}\varepsilon \right\} \\
&= \frac{1}{3} \frac{8\pi}{h^3 c^3} \int_0^\infty \varepsilon^3 \frac{1}{\mathrm{e}^{\beta(\varepsilon-\mu)} \pm 1} \mathrm{d}\varepsilon
\end{aligned}
\tag{1.41}
$$

(1.38) 和 (1.41) 两式给出了与分子运动论结果相一致但更为严格的理想气体压强定义，同时也都反映了压强作为粒子动量流的物理本质。基于这一点认识，并利用关于粒子速度的如下定义：

$$v = \frac{\partial \varepsilon}{\partial p} = \frac{pc^2}{\varepsilon} \tag{1.42}$$

我们还可以将对压强的定义统一为如下形式：

$$P = \frac{1}{3} \frac{2}{h^3} \int \frac{p^2 c^2}{\sqrt{m^2 c^4 + p^2 c^2}} f(p) \mathrm{d}^3 \boldsymbol{p} \tag{1.43}$$

该式实现了相对论性和非相对论性两种物态的自然过渡。

对于零温近似下的费米分布，我们可通过对式 (1.43) 积分得到费米气体的简并压表达式

$$
\begin{aligned}
P &= \frac{8\pi m^4 c^5}{3h^3} \int_0^x \frac{x'^4}{(1+x'^2)^{1/2}} \mathrm{d}x' \\
&= \frac{m^4 c^5}{8\pi^2 \hbar^3} \left\{ x(1+x^2)^{1/2}\left(\frac{2x^2}{3}-1\right) + \ln\left[x+(1+x^2)^{1/2}\right] \right\}
\end{aligned}
\tag{1.44}
$$

其中 $x = p_{\text{F}}/mc$ 及 $p_{\text{F}} = (3\pi^2 n)^{1/3}\hbar$。上式在 $x \ll 1$ 和 $x \gg 1$ 的两个极端可写为

$$P_{\text{nr}} = \frac{8\pi(2m)^{3/2}}{3h^3} \frac{2}{5} \varepsilon_{\text{F}}^{5/2} = \frac{(\sqrt{3}\pi)^{4/3}\hbar^2}{5m} n^{5/3} \tag{1.45}$$

$$P_{\mathrm{rel}} = \frac{1}{3}\frac{8\pi}{h^3c^3}\frac{1}{4}\varepsilon_{\mathrm{F}}^4 = \frac{(\sqrt{3}\pi)^{2/3}\hbar c}{4}n^{4/3} \tag{1.46}$$

分别也是 (1.38) 和 (1.41) 两式积分的结果。从中可以看到，这些物态方程都可以写为 $P = K\rho^{\hat{\gamma}}$ 的多方 (polytropic) 形式，其中 K 和 $\hat{\gamma}$ 都是常数。对于相对论和非相对论两种极端情况，多方指数的值分别为 $\hat{\gamma} = 4/3$ 和 $\hat{\gamma} = 5/3$。对于核密度下的 npe 气体，考虑中子和质子为非相对论性气体，而电子为相对论性气体，则总的气体压强可由下式计算：

$$P = \frac{(\sqrt{3}\pi)^{4/3}\hbar^2}{5}\left(\frac{n_{\mathrm{n}}^{5/3}}{m_{\mathrm{n}}} + \frac{n_{\mathrm{p}}^{5/3}}{m_{\mathrm{p}}}\right) + \frac{(\sqrt{3}\pi)^{2/3}\hbar c}{4}n_{\mathrm{e}}^{4/3}$$

$$\approx 5.4 \times 10^{34}\rho_{15}^{5/3}\mathrm{dyn}\cdot\mathrm{cm}^{-2} \tag{1.47}$$

其中第二个等式已忽略了质子和电子对压强的贡献。三种粒子的简并压对密度的依赖关系如图 1.3 所示，每个密度下的粒子数配比由 β 平衡决定，即图 1.2 中展示的情况。

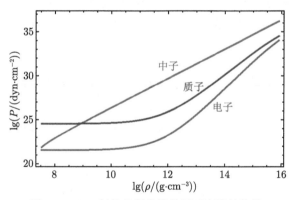

图 1.3　npe 气体各组分简并压对密度的依赖

1.2.3　热容量

除了力学属性，我们也十分关心 npe 气体的热学属性，以它的内能密度和**热容量 (thermal capacity)** 为代表。根据内能密度的统计公式

$$u = \frac{2}{h^3}\int_0^{\infty}\frac{\varepsilon}{\mathrm{e}^{\beta(\varepsilon-\mu)}+1}4\pi p^2\mathrm{d}p \tag{1.48}$$

我们可以分别写出非相对论性和相对论性费米理想气体的内能表达式：

$$u_{\mathrm{nr}} = \frac{4\pi(2m)^{3/2}}{h^3}\int_0^{\infty}\frac{\varepsilon^{3/2}}{\mathrm{e}^{\beta(\varepsilon-\mu)}+1}\mathrm{d}\varepsilon \tag{1.49}$$

$$u_{\text{rel}} = \frac{8\pi}{h^3 c^3} \int_0^\infty \frac{\varepsilon^3}{e^{\beta(\varepsilon-\mu)} + 1} \mathrm{d}\varepsilon \tag{1.50}$$

需注意，这些内能密度中并没有包含粒子的静能量。将上两式和 (1.38)、(1.41) 两式结合，我们可以得到 $P_{\text{nr}} = \frac{2}{3} u_{\text{nr}}$ 和 $P_{\text{rel}} = \frac{1}{3} u_{\text{rel}}$，这便是我们熟知的气体压强和内能密度之间的关系。这两个关系可以进一步被概括为

$$P = (\hat{\gamma} - 1)u \tag{1.51}$$

所以描述物态实际上也就是描述压强和内能密度之间的关系以及内能对密度、温度等热力学参数的依赖。其中，相对论性费米气体的压强具有和光子气的辐射压相同的表达式，表明费米子在达到相对论性状态的时候将具有和光子类似的性质。所以，在天体物理中人们经常把所有的相对论性气体统称为"辐射"，而相应地把非相对论性气体称为"物质"。当然，对于有质量的粒子，$\varepsilon = pc$ 不可能严格成立，所以 $P_{\text{rel}} = \frac{1}{3} u_{\text{rel}}$ 只是一种极端近似。

物质的热容量反映的是其内能对温度的依赖关系，所以我们需计算有限温度条件下的内能，而不能像考虑简并压那样采用零温近似。通常，我们可将费米积分以温度为小量做展开 [65]

$$\int_0^\infty \frac{g(\varepsilon)}{e^{\beta(\varepsilon-\mu)} + 1} \mathrm{d}\varepsilon = \int_0^\mu g(\varepsilon)\mathrm{d}\varepsilon + \frac{\pi^2}{6}(k_{\text{B}}T)^2 g'(\mu) + \cdots \tag{1.52}$$

其中 $g(\varepsilon)$ 是满足 $g(0) = 0$ 的任意函数。在一级近似下可以由 (1.49) 和 (1.50) 两式得到

$$u_{\text{nr}} \approx \frac{3}{5} n\varepsilon_{\text{F}} \left[1 + \frac{5\pi^2}{12} \left(\frac{k_{\text{B}}T}{\varepsilon_{\text{F}}} \right)^2 \right] \tag{1.53}$$

$$u_{\text{rel}} \approx \frac{3}{4} n\varepsilon_{\text{F}} \left[1 + \frac{2\pi^2}{3} \left(\frac{k_{\text{B}}T}{\varepsilon_{\text{F}}} \right)^2 \right] \tag{1.54}$$

这里，我们需要先利用粒子数密度积分式得到化学势关于费米能的有限温展开，然后代入到 (1.49) 和 (1.50) 两式的费米展开中，方能得到上述内能关于温度的表达式，再利用内能密度对温度的求导便可以得到相应粒子所贡献的比热容:

$$c_{\text{v,nr}} = \frac{\partial u_{\text{nr}}}{\partial T} \approx \frac{\pi^2}{2} n k_{\text{B}} \frac{k_{\text{B}}T}{\varepsilon_{\text{F}}} \tag{1.55}$$

$$c_{\text{v,rel}} = \frac{\partial u_{\text{nr}}}{\partial T} \approx \pi^2 n k_{\text{B}} \frac{k_{\text{B}}T}{\varepsilon_{\text{F}}} \tag{1.56}$$

在中子星内，上述两式分别适用于重子和电子。将相应的费米能代入，最终得到

$$c_{v,n} = 2.5 \times 10^{21} \rho_{15}^{1/3} T_{10} \ \text{erg} \cdot \text{cm}^{-3} \cdot \text{K}^{-1} \tag{1.57}$$

$$c_{v,p} = 5.4 \times 10^{20} Y_{e,-2}^{1/3} \rho_{15}^{1/3} T_{10} \ \text{erg} \cdot \text{cm}^{-3} \cdot \text{K}^{-1} \tag{1.58}$$

$$c_{v,e} = 6.3 \times 10^{19} Y_{e,-2}^{2/3} \rho_{15}^{2/3} T_{10} \ \text{erg} \cdot \text{cm}^{-3} \cdot \text{K}^{-1} \tag{1.59}$$

利用这些比热容，我们可以估计中子星诞生时的初始温度。恒星核心坍缩所释放的引力势能一半转化为旋转能，一半消耗于铁核的光致离解并最终部分转化为 npe 气体的内能。不妨简单令引力势能转化为内能的效率因子 η 为 ~ 0.5，结合式 (1.2) 和等式 $\eta \Delta U \sim \frac{4}{3} \pi R^3 c_{v,B} T$ (忽略电子的贡献)，可以得到

$$T \sim 10^{11} \eta_{-0.3}^{1/2} \left(\frac{M}{M_{\odot}} \right)^{5/6} R_6^{-3/2} \ \text{K} \tag{1.60}$$

这个温度下中微子并不能自由逃逸，所以还需要考虑到它们对内能和热容量的贡献。因此，上述温度的估计值会有所降低，但 $\sim 10^{11}\text{K}$ 仍是一个比较合理的原中子星初始温度参考值。而原中子星阶段结束时的温度则更低，大概在 10^{10}K，这决定于中微子的平均自由程。所以无论如何，中子星的温度始终低于重子的费米温度 $\sim 10^{12}\text{K}$，因此计算压强时采用的零温近似是切实可行的。这当然也就意味着气体的热压

$$P_{th} = \left(\frac{\rho}{m_B} \right) k_B T = 8.2 \times 10^{33} \rho_{15} T_{11} \ \text{dyn} \cdot \text{cm}^{-2} \tag{1.61}$$

会始终低于简并压。因此，如果中子星确实存在，则无疑和白矮星一样是靠简并压支撑的。但这个简并压是否真的能够抵抗中子星的引力作用，还需要做进一步力学平衡分析 (详见第 2 章)。

1.2.4 超流和超导

实际的高密核物质并不是理想气体，核子间的相互作用将对物质的属性产生显著的影响。比如，相互作用可能导致库珀对^①的形成，使中子和质子分别进入**超流 (superfluid)** 和**超导 (superconduct)** 的状态 [67]。从统计性质上讲，配对后的核子因为具备了玻色子的属性而可以同时处于基态，导致相空间在费米面附近出现空白，其宽度 Δ 称为**能隙 (energy gap)**。超流和超导发生的条件正是系统的温度 T 低于特征温度 $T_c = \Delta/k_B$。若不考虑其他的相互作用，我们可以通过在

---

① 来自于解释金属超导性的 BCS 理论的一个概念 [66]，可以大概理解为两个费米子因配对而具有了玻色子的行为属性。

正常费米分布之上加入宽度为 2Δ 的空隙来计算超流超导对物质属性的影响。具体来看，带能隙的单粒子色散关系和相应的费米分布可分别写为 [68]

$$
\varepsilon = \begin{cases}
\mu - \sqrt{\left(\dfrac{p^2}{2m} - \varepsilon_{\rm F}\right)^2 + \Delta^2}, & p < p_{\rm F} \\[4mm]
\mu + \sqrt{\left(\dfrac{p^2}{2m} - \varepsilon_{\rm F}\right)^2 + \Delta^2}, & p \geqslant p_{\rm F}
\end{cases} \tag{1.62}
$$

和

$$
f(p) = \frac{1}{\exp\left[\,\text{sign}(p - p_{\rm F})\sqrt{\left(\dfrac{p^2}{2m} - \varepsilon_{\rm F}\right)^2 + \Delta^2}\,\middle/\,(k_{\rm B}T)\right] + 1} \tag{1.63}
$$

其中 $\text{sign}(p - p_{\rm F})$ 表示动量和费米动量相减后的正负号。

在上述超流、超导情况下，物质的热力学性质将受到重要影响，因为热力学性质主要决定于位于费米面附近处于热涨落状态的粒子。以热容量为例，在有限温度下可将其直接定义为

$$
\begin{aligned}
c_{\rm v}^{\rm s} = \frac{\mathrm{d}u}{\mathrm{d}T} &= \frac{2}{h^3}\int \frac{\mathrm{d}}{\mathrm{d}T}[(\varepsilon - \mu)f(p)]\mathrm{d}^3\boldsymbol{p} \\
&= \frac{8\pi p_{\rm F}^2}{h^3}\int_{p_{\rm F}-\delta p}^{p_{\rm F}+\delta p} \frac{\mathrm{d}}{\mathrm{d}T}[(\varepsilon - \mu)f(p)]\mathrm{d}p
\end{aligned} \tag{1.64}
$$

因为只需要考虑费米面附近处于热涨落的粒子，因此我们可以把上式的积分上下限从 $(0,\infty)$ 修改为 $(p_{\rm F}-\delta p, p_{\rm F}+\delta p)$，而不影响其结果。$\delta p$ 的取值大小依赖于系统的温度。不妨令 $x = \left(\dfrac{p^2}{2m} - \varepsilon_{\rm F}\right)\middle/(k_{\rm B}T)$，$y = \Delta/k_{\rm B}T$，则 $z = (\varepsilon - \mu)/(k_{\rm B}T) = \text{sign}(x)\sqrt{x^2 + y^2}$，并有

$$
c_{\rm v}^{\rm s} = \frac{8\pi p_{\rm F}^2 k_{\rm B}T}{h^3}\int_{p_{\rm F}-\delta p}^{p_{\rm F}+\delta p}\left[\left(\frac{\mathrm{d}z}{\mathrm{d}T} + \frac{z}{T}\right)f(p) + z\frac{\mathrm{d}f(p)}{\mathrm{d}T}\right]\mathrm{d}p \tag{1.65}
$$

将 $\mathrm{d}p = (mk_{\rm B}T/p)\mathrm{d}x$ 和 $p \approx (2m\varepsilon_{\rm F})^{1/2}$ 代入上式，可得

$$
\begin{aligned}
c_{\rm v}^{\rm s} &\approx \frac{8\pi p_{\rm F}^2(k_{\rm B}T)^2}{h^3}\left(\frac{m}{2\varepsilon_{\rm F}}\right)^{1/2}\int_{-\delta x}^{\delta x}\left[\left(\frac{\mathrm{d}z}{\mathrm{d}T} + \frac{z}{T}\right)f(z) + z\frac{\mathrm{d}f(z)}{\mathrm{d}T}\right]\mathrm{d}x \\
&= c_{\rm v}\mathcal{R}
\end{aligned} \tag{1.66}
$$

其中根据式 (1.55) 有 $c_v = (2m)^{3/2}\varepsilon_{\rm F}^{1/2}k_{\rm B}^2 T/(6\hbar^3)$ 以及

$$\mathcal{R} \equiv \frac{3}{\pi^2}T\int_{-\delta x}^{\delta x}\left[\left(\frac{{\rm d}z}{{\rm d}T}+\frac{z}{T}\right)f(z)+z\frac{{\rm d}f(z)}{{\rm d}T}\right]{\rm d}x \tag{1.67}$$

将下述关系式代入式 (1.67)

$$\frac{{\rm d}z}{{\rm d}T} = \frac{{\rm sign}(x)}{\sqrt{x^2+y^2}}\left(x\frac{{\rm d}x}{{\rm d}T}+y\frac{{\rm d}y}{{\rm d}T}\right) \tag{1.68}$$

$$\frac{{\rm d}f(z)}{{\rm d}T} = \frac{{\rm d}}{{\rm d}T}\left(\frac{1}{{\rm e}^z+1}\right) = -\frac{{\rm sign}(x){\rm e}^z}{({\rm e}^z+1)^2\sqrt{x^2+y^2}}\left(x\frac{{\rm d}x}{{\rm d}T}+y\frac{{\rm d}y}{{\rm d}T}\right) \tag{1.69}$$

$$\frac{{\rm d}x}{{\rm d}T} = -\frac{x}{T} \tag{1.70}$$

$$\frac{{\rm d}y}{{\rm d}T} = -\frac{y}{T}\left(1-\frac{T}{\Delta}\frac{{\rm d}\Delta}{{\rm d}T}\right) \equiv -\frac{y}{T}a(T) \tag{1.71}$$

并可知积分中的前一部分是奇函数 (积分为零) 而后一部分为偶函数, 于是可得

$$\mathcal{R} = \frac{3}{\pi^2}T\int_{-\delta x}^{\delta x}z\frac{{\rm d}f(z)}{{\rm d}T}{\rm d}x = \frac{6}{\pi^2}\int_0^{\delta x}\frac{{\rm e}^{\sqrt{x^2+y^2}}}{({\rm e}^{\sqrt{x^2+y^2}}+1)^2}[x^2+a(T)y^2]{\rm d}x \tag{1.72}$$

其中,$a(T)$ 决定于能隙对温度的依赖关系 $\Delta(T)$。因此,只要给定 $\Delta(T)$,通过上式就可以计算出超流、超导对热容量的影响。考虑温度远低于能隙的情况 ($k_{\rm B}T \ll \Delta$),因为有 $y \gg x \sim \delta x$,便可以近似得到

$$\mathcal{R} \sim \frac{6}{\pi^2}\delta x a(T)y^2{\rm e}^{-y} = \frac{6}{\pi^2}\delta x a(T)\left(\frac{\Delta}{k_{\rm B}T}\right)^2{\rm e}^{-\Delta/k_{\rm B}T} \tag{1.73}$$

可见超流、超导对热容量具有指数式的抑制作用, 影响巨大。与此相对应, 我们却可以发现超流、超导对物态的影响可能并不十分显著, 此处不再讨论。但最重要的是 $\Delta(T)$ 本身很不确定, 而且它的值也依赖于密度。

所以, 需要特别强调, 最关键的相互作用问题是人们目前尚未对高密情况下**低能强作用的非微扰量子色动力学**给出准确的描述, 因而核物质的物态方程有了很大的不确定性。考虑相互作用后, 粒子间的关联性也将使系统的相空间不能再被视作单粒子相空间的简单叠加。既然第一性原理计算无法实现, 那么人们常常采用微观的或唯象的多体模型来近似描述相互作用, 然后结合地面核物理实验和中子星观测来进行检验和限制。因此, 对高密核物质相互作用的描述实际上正是人们研究中子星的一个重要目标指向。

1.3   核饱和密度以下的物质

严格来讲，有关 npe 气体的计算只适用于核饱和密度之上，而对于较低密度的物质则需考虑原子核。根据前面的计算我们可以想象，当物质密度大概在 $10^7 \mathrm{g \cdot cm^{-3}}$ 以上时，原子核将由于逆 β 衰变的发生而变得高度富中子化。并且，从 $\rho \sim 10^{11} \mathrm{g \cdot cm^{-3}}$ 开始，很可能会有大量的自由中子从原子核中析出。对于这种物质，它的组分密度满足如下关系：

$$n = n_\mathrm{N} A + n_\mathrm{n}, \quad n_\mathrm{e} = n_\mathrm{N} Z \tag{1.74}$$

其中，n 是总的重子数密度，n_N 是原子核的数密度，A 和 Z 分别为原子核的质量数和核电荷数，这里假定原子完全电离。

考虑临界密度以上到中子可以从原子核中析出的密度以下，压强主要来自电子的简并压且电子基本是相对论性的，即有

$$P_\mathrm{e} = \frac{(\sqrt{3}\pi)^{2/3} \hbar c}{4} n_\mathrm{e}^{4/3} = 5.7 \times 10^{29} \left(\frac{Z}{A}\right)^{4/3} \rho_{11}^{4/3} \ \mathrm{dyn \cdot cm^{-2}} \tag{1.75}$$

而与此同时，电荷之间的库仑作用还会对上述压强做出一定程度的修正。具体来说，电子和电子之间的排斥会使得压强增大，而电子和离子之间的吸引则将使压强减小。在系统温度 $k_\mathrm{B} T$ 远小于库仑势能的情况下，离子将被束缚在局域的范围内而组成固态的晶格，其晶胞的尺度可以估计为 $r_\mathrm{c} = (3/4\pi n_\mathrm{N})^{1/3}$。假设气体完全电离，$Z$ 个电子均匀分布在半径为 r_c 的球形区域内，即电荷密度为 $n_\mathrm{q} = -Ze/\left(\dfrac{4}{3}\pi r_\mathrm{c}^3\right)$，那么，该球形晶胞内电子间的库仑排斥势能为

$$E_\mathrm{e-e} = \int_0^{r_\mathrm{c}} \frac{q_r}{r} \mathrm{d}q = \frac{(4\pi)^2 n_\mathrm{q}^2}{3} \int_0^{r_\mathrm{c}} r^4 \mathrm{d}r = \frac{3}{5} \frac{Z^2 e^2}{r_\mathrm{c}} \tag{1.76}$$

电子和原子核之间的库仑吸引势能为

$$E_\mathrm{e-i} = Ze \int_0^{r_\mathrm{c}} \frac{\mathrm{d}q}{r} = -\frac{3}{2} \frac{Z^2 e^2}{r_\mathrm{c}} \tag{1.77}$$

所以，晶胞总的库仑势能为

$$E_\mathrm{L} = E_\mathrm{e-e} + E_\mathrm{e-i} = -\frac{9}{10} \frac{Z^2 e^2}{r_\mathrm{c}} \tag{1.78}$$

然后，根据式 (1.34) 对压强的热力学定义，我们可以计算由这些能量所导致的压强修正项

$$P_{\mathrm{L}} = n_{\mathrm{e}}^2 \frac{\mathrm{d}(E_{\mathrm{L}}/Z)}{\mathrm{d}n_{\mathrm{e}}} = -\frac{3}{10}\left(\frac{4\pi}{3}\right)^{1/3} Z^{2/3} e^2 n_{\mathrm{e}}^{4/3} \tag{1.79}$$

其中可以用 $n_{\mathrm{e}} = Z \left/ \left(\frac{4}{3}\pi r_{\mathrm{c}}^3\right)\right.$ 在 E_{L}/Z 项中表示出电子密度。因此，在尚未出现自由中子的情况下，总的压强可以表示为

$$
\begin{aligned}
P &= P_{\mathrm{e}} + P_{\mathrm{L}} \\
&= P_{\mathrm{e}}\left[1 - \frac{2^{5/3}}{5}\left(\frac{3}{\pi}\right)^{1/3}\alpha Z^{2/3}\right] = P_{\mathrm{e}}(1 - 0.0046 Z^{2/3})
\end{aligned} \tag{1.80}
$$

其中 $\alpha = e^2/\hbar c = 1/137$ 是精细结构常数。对于临界密度以下的物质，我们可以将上述电子简并压换成非相对论性的形式。然后，通过求解方程 $P_{\mathrm{e}} + P_{\mathrm{L}} = 0$，原则上我们就可以得到对应核电荷数 Z 的物质在自然界中 (非引力束缚状态下) 的密度。不过，在低密度情况下电子的分布是很不均匀的，所以要得到普通物质正确的密度，还需要考虑更加实际的电子分布。另外，这里对电磁作用的处理方法在一定程度上也可以应用于对核子间强作用的处理，比如我们可以用汤川势来唯象描述质子和中子之间的强作用，从而可对 npe 理想气体的物态做出修正。

要准确地给出式 (1.80) 中压强的数值，我们需要确定原子核的质量数和核电荷数。首先，我们知道恒星核心坍缩形成中子星的时候，其中的元素主要为 $^{56}_{26}\mathrm{Fe}$。恒星核燃烧之所以终止于这种元素，是因为在 $A \lesssim 90$ 的元素中 $^{56}_{26}\mathrm{Fe}$ 最稳定，此时核子间的核吸引力和质子间库仑排斥力达到均势。而当 $A \gtrsim 90$ 时，稳定的元素将出现在 A 值为 56 的整数倍时。其次，对于临界密度以上的物质，由于大量相对论性电子会与质子结合，从而具有了使最稳定的原子核变得更重的趋势。为了揭示这种变化，我们需要写出物质能量密度对 A 和 Z 的依赖关系，并找到其最小值所在。具体为

$$u = u_{\mathrm{e}} + u_{\mathrm{n}} + u_{\mathrm{L}} + n_{\mathrm{N}}E_{\mathrm{N}}(A, Z) \tag{1.81}$$

其中的晶格势能

$$u_{\mathrm{L}} = n_{\mathrm{e}}\frac{E_{\mathrm{L}}}{Z} = -\frac{9}{10}\left(\frac{4\pi}{3}\right)^{1/3} Z^{2/3} e^2 n_{\mathrm{e}}^{4/3} \tag{1.82}$$

而原子核的能量则可以根据液滴模型表示为 [69,70]

$$E_{\mathrm{N}}(A, Z) = [(A - Z)m_{\mathrm{n}}c^2 + Z(m_{\mathrm{p}} + m_{\mathrm{e}})c^2 - A\bar{E}_{\mathrm{b}}]$$

$$= m_{\mathrm{u}}c^2 \left[b_1 A + b_2 A^{2/3} - b_3 Z + b_4 A \left(\frac{1}{2} - \frac{Z}{A} \right)^2 + b_5 \frac{Z^2}{A^{1/3}} \right] \quad (1.83)$$

其中，$\bar{E}_{\mathrm{b}}$ 是每个重子的平均结合能，m_{u} 是原子质量单位 (碳-12 元素原子质量的 1/12，它与中子质量略有差别)。第二个等式中的五个分项分别代表原子核液滴模型中的体结合能、面结合能、衰变质量亏损、对称能、库仑势能，其系数的值分别为 $b_1 = 0.991749$，$b_2 = 0.01911$，$b_3 = 0.000840$，$b_4 = 0.10175$，$b_5 = 0.000763$。

利用 $E_{\mathrm{N}}(A, Z)$ 对 A 和 Z 求导算极值，我们可以得到这两个参数需满足的条件：

$$b_3 + b_4 \left(1 - \frac{2Z}{A} \right) - 2b_5 \frac{Z}{A^{1/3}} = \left[(1 + x_{\mathrm{e}}^2)^{1/2} - 1 \right] \frac{m_{\mathrm{e}}}{m_{\mathrm{u}}} \quad (1.84)$$

$$Z = \left(\frac{b_2}{2b_5} \right)^{1/2} A^{1/2} = 3.54 A^{1/2} \quad (1.85)$$

$$b_1 + \frac{2b_2}{3A^{1/3}} + b_4 \left(\frac{1}{4} - \frac{Z^2}{A^2} \right) - \frac{b_5 Z^2}{3A^{4/3}} = (1 + x_{\mathrm{n}}^2)^{1/2} \frac{m_{\mathrm{n}}}{m_{\mathrm{u}}} \quad (1.86)$$

上述三个方程的物理含义大体可理解为：在平衡条件下，① 原子核吸收或释放一个电子所引起的能量变化等于自由电子的能量；② 原子核的总结合能等于逐个增加质子和中子所带来的能量；③ 原子核吸收或释放一个中子所引起的能量变化等于自由中子的能量。当密度较小的时候，系统中还没有自由中子，因此第三方程不起作用。利用 (1.84) 和 (1.85) 两式，我们在图 1.4 中画出了原子核质量数和核电荷数随物质密度增长的曲线。可以看到，原子核变得越来越大，且其中的中子含量也越来越高，恰如我们一开始所设想的。从式 (1.86) 我们可以知道，当原子核的质量数达到 $A = 122$ (对应的核电荷数 $Z = 39$) 时，x_{n} 的值开始不为零，这意味着中子已从原子核中析出变为自由中子。因此，与 $A = 122$ 对应的密度 $3.3 \times 10^{11}\mathrm{g \cdot cm^{-3}}$ 通常被称为**中子滴 (neutron drip) 密度**。将这些不同密度下的 A 和 Z 值代入式 (1.81)，再利用能量密度和压强的变换公式，我们便可以得到物态方程，只是无法给出解析表达。在上面的计算中，我们简单假设 A 和 Z 是连续变化的，这并不符合实际。G. Baym, C. Pethick 和 P. Sutherland 考虑了核素的分立相变以及采用更加实际的 $E_{\mathrm{N}}(A, Z)$，得到了适用于中子滴密度以下物质的 **BPS 物态**[71]，相应的中子滴密度也被修正为 $\rho_{\mathrm{drip}} \sim 4.3 \times 10^{11}\mathrm{g \cdot cm^{-3}}$。对于中子滴密度以上、核饱和密度以下的情况，我们需要考虑自由中子和核内中子之间的化学平衡以及核内的 β 平衡，方能确定自由中子的数目和它们对压强的贡献。该种物态由 G. Baym, H. A. Bethe 和 C. J. Pethick 计算得到，称为 **BBP 物态**[72]。

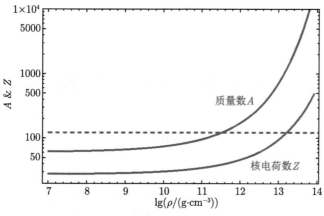

图 1.4 原子核的富中子化

第 2 章　中子星的结构

2.1　流体静力学平衡

对于一个靠引力束缚的稳定球状天体，其内部物质和能量的分布取决于每一处物质受力的平衡。不妨考虑其中任一物质微元，其受力情况如图 2.1 所示。在径向方向，包括作用于整个微元的引力和作用于上下表面的压力，其力学平衡情况可表示为

$$F_{\mathrm{G}} = \frac{GM_r(\rho\Delta V)}{r^2} = (P_{\mathrm{up}} - P_{\mathrm{down}})\Delta S \tag{2.1}$$

这里，M_r 是半径 r 以内球体的质量，ΔV、Δr 和 ΔS 分别为微元的体积、高度和上下底面的截面积。因为 $\Delta V = \Delta r\Delta S$，所以对上式稍作变形并取 $\Delta r \to 0$ 便可以得到该天体应该满足的流体静力学平衡方程：

$$\frac{\mathrm{d}P}{\mathrm{d}r} = -\frac{GM_r\rho}{r^2} \tag{2.2}$$

该微分方程的求解，一方面需要同时给定星体质量随半径的分布，即

$$\frac{\mathrm{d}M_r}{\mathrm{d}r} = 4\pi r^2\rho \tag{2.3}$$

另一方面，还需要知道星体物质的物态方程 $P(\rho)$。一个星体具有怎样的结构，很显然决定于组成它的物质性质，也即表现在它的物态方程上。这也是第 1 章着重讨论 npe 气体物态方程的原因。对于普通的恒星，其物态可以由通常的玻尔兹曼理想气体状态方程来描述：

$$P = \frac{\rho}{\bar{m}}k_{\mathrm{B}}T \tag{2.4}$$

其中，$\bar{m}$ 表示气体粒子的平均质量。在这种情况下，为了精确描述物态，我们实际上还需要知道星体内部温度的分布，换句话说，还需要联合求解恒星内部能量的产生和传输过程。不过，在数学上，如果都是单调函数，温度随星体半径的变化就可以表示为关于密度的变化。所以，原则上式 (2.4) 就可以写为以密度 ρ 为唯一自变量的函数，只不过该函数形式未知。

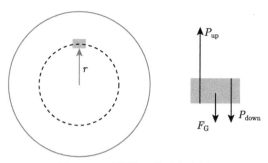

图 2.1 星体微元的受力分析

作为一种常见的近似处理方法，我们可以用多方幂函数作为星体物态方程的有效描述形式

$$P \propto \rho^{\hat{\gamma}} \tag{2.5}$$

其中，$\hat{\gamma}$ 称为多方指数。利用多方物态可对 (2.2) 和 (2.3) 两式做数学上的变形，使其转化为一个无量纲的二阶微分方程，即 **Lane-Emden 方程** [73, 75]

$$\frac{\mathrm{d}^2\omega}{\mathrm{d}^2z} + \frac{2}{z}\frac{\mathrm{d}\omega}{\mathrm{d}z} + \omega^n = 0 \tag{2.6}$$

其中，$z = Ar$，$n = 1/(\hat{\gamma} - 1)$，$A = \sqrt{4\pi G/c(n+1)}\rho_c^{(n-1)/2n}$，$c$ 为多方物态的比例系数。天体中心密度 ρ_c 和多方指数 $\hat{\gamma}$ 都是在求解方程之前给定的参数，它们的值需要通过跟观测数据的对比来限制得到。相关推导可参见一般的天体物理教材，此处略去。利用此方程，每给定一组参数，就可以解出相应的 $\omega(z)$ 函数，也就知道了星体各物理量的分布。具体来说，可以有

$$\rho(r) = \rho_c\omega(z)^n \tag{2.7}$$

该方程广泛应用于恒星和白矮星结构的计算。天体物理问题涉及量级跨度非常大的数值范围，因此为了方便数值计算，人们常常对物理量和方程进行无量纲化处理。读者不妨通过编程求解 Lane-Emden 方程来体会这种处理方式的优势。

因为 npe 气体的物态可以采用零温近似，所以问题反倒比普通恒星更为简单，使我们能够对中子星的结构做一些简单的分析。根据流体静力学平衡方程，中子星质量 M 和半径 R 的量级应大致满足如下关系：

$$\frac{P_c}{R} \sim \frac{GM\rho}{R^2} \tag{2.8}$$

其中中心压强 P_c 可依据式 (1.47) 写为

$$P_c = \frac{(\sqrt{3}\pi)^{4/3}\hbar^2}{5m_B^{8/3}}\rho_c^{5/3} \tag{2.9}$$

取 $\rho \sim M/\left(\dfrac{4}{3}\pi R^3\right)$ 以及 $\rho_c \sim a\rho$，则可由上述两式简单得到

$$R \sim 15\left(\frac{a}{3}\right)^{5/3}\left(\frac{M}{M_\odot}\right)^{-1/3}\text{km} \tag{2.10}$$

其中中心密度和平均密度之间的比例系数 a 需要通过严格求解得到，中子星的质量则被认为大概与太阳质量相当。无论如何，上述结果表明，具有太阳质量的物质在坍缩过程中，如果需要通过核子的简并压来抵抗万有引力，它就必须收缩到 10 km 的大小才可以。此时的平均密度恰好就在核饱和密度附近，见式 (1.1)。所以，中子星的形成和稳定存在是具有现实意义的。式 (2.10) 还表明中子星的质量越大，半径就越小。这与普通恒星质量越大半径越大的情形截然不同，本质上体现了简并压支撑和普通热压支撑的区别。

从原则上讲，如白矮星中的情形，如果中子星中的核子也能达到相对论性的状态，那么它的力学平衡就变为

$$P_c = \frac{(\sqrt{3}\pi)^{2/3}\,\hbar c}{4m_B^{4/3}}\rho_c^{4/3} \sim \frac{GM\rho}{R} \tag{2.11}$$

上式中的星体半径 R 可以被消去，而只剩下质量常数值：

$$M \sim \frac{3\sqrt{\pi}}{16}\left(\frac{a}{m_B}\right)^2\left(\frac{\hbar c}{G}\right)^{3/2} \sim 5.5\left(\frac{a}{3}\right)^2 M_\odot \tag{2.12}$$

它代表着中子星的最大质量[①]。不过，基于对中子星质量和半径的初步估计，我们知道中子星的致密性参数 $2GM/Rc^2 = r_g/R$ 非常接近于 1，意味着它周围的时空具有很高的弯曲性，广义相对论性效应明显，这里 $r_g = 2GM/c^2$ 是相应质量的史瓦西半径 (见式 (A.4) 及其下说明)。所以，式 (2.12) 对中子星而言其实并没有太多实际意义，它们的质量上限将更多地决定于相对论效应。

2.2 TOV 方程和质量上限

R. C. Tolman 和 J. R. Oppenheimer、G. M. Volkoff 分别在 1934 和 1939 年研究了广义相对论下的中子星结构问题，得到了改造后的中子星流体静力学平衡方程 (简称 **TOV 方程**)[10-12]

$$\frac{\mathrm{d}P}{\mathrm{d}r} = -\frac{GMe}{c^2 r^2}\left(1 + \frac{4\pi r^3 P}{Mc^2}\right)\left(1 + \frac{P}{e}\right)\left(1 - \frac{2GM}{c^2 r}\right)^{-1} \tag{2.13}$$

---

① 对于白矮星，需要考虑原子核的组成，它决定了电子数和重子数之间的关系，从而决定了电子简并压和质量上限的大小。

读者可阅读文献 [74] 以了解该方程的推导过程。将上式和 (2.2) 相比较，可以发现，相对论效应的引入使得星体的质量和尺度均得到了修正。对于质量密度 ρ 而言，我们需要用能量密度 e (包含静能量部分) 和压强 P 来代替它，这实际上是一个狭义相对论效应。因此，质量方程 (2.3) 也应相应改变为

$$\frac{\mathrm{d}M_r}{\mathrm{d}r} = \frac{4\pi r^2 e}{c^2} \tag{2.14}$$

可见，由上式积分得到的星体质量不同于组成系统中所有粒子的重子质量 (惯性质量) 简单相加。不过，对于非相对论性气体，因为有 $e \approx \rho c^2$，所以这个改变并不大。对于星体的尺度，我们需要引入一个收缩因子 $(1 - 2GM/c^2 r)^{1/2}$，这是时空弯曲的体现，是广义相对论所引起的特有效果。等效来看，这一项的存在使得质量的万有引力效果增强了。因此，通过求解 TOV 方程得到的星体质量 (引力质量) 会一定程度地小于星体的重子质量 (所有粒子质量的相加)。TOV 方程是在球对称条件下求解爱因斯坦场方程所得到的内解 (外部真空解为史瓦西度规)。对于实际的星体，旋转是它们的基本属性之一，尤其对于继承了前身星巨大角动量的中子星而言。因此，为了考虑旋转的效应，我们更应该考虑轴对称条件下的爱因斯坦场方程内解 (外部真空解为克尔度规)，不过这将使方程和计算都变得异常复杂。作为零级近似，TOV 方程在中子星结构研究中仍然具有核心地位。

简单考虑完全由 npe 气体组成的中子星，将式 (1.47) 的物态方程代入 TOV 方程，在给定中心密度的情况下，可以得到中子星密度随半径的分布，示于图 2.2 中。再通过设定表面的密度截断，可以确定星体半径，并同时得到星体的质量。从图中可以看到，在接近表面的时候密度下降非常迅速，因此对截断密度的人为选择并不会影响星体半径和质量的最终确定。通过选取不同的中心密度，可以得到一系列中子星半径和质量。将这些结果同时展示出来，我们便得到了 npe 理想气体物态下的中子星质量和半径的关系，如图 2.3 中粗实线所示。恰如 2.1 节估计的，中子星的质量和半径之间满足负相关关系。但因为狭义和广义相对论效应的双重影响，该关系显著偏离 $M \propto R^{-3}$ 的关系 (图 2.3 中虚线)，并出现了远低于式 (2.12) 所确定的质量上限。

相对论效应对星体质量的限制可以体现在多个方面。首先，考虑最极端的情况，当中子星的质量超过如下值

$$M_{\max} = \frac{c^2 R}{2G} = 3.38 R_6 M_\odot \tag{2.15}$$

的时候，它周围的时空将无限弯曲，实际上也就意味着它已经成了黑洞。因此，式 (2.15) 给出的是中子星质量的绝对上限。其次，即使在星体整体尚未变成黑洞的

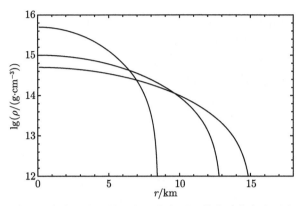

图 2.2   npe 气体中子星密度随半径的分布，从上到下的中心密度分别为 $\rho_{c,15} = 5, 1, 0.5$

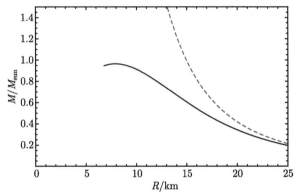

图 2.3   npe 气体中子星的质量半径关系。虚线表示没有考虑广义相对论效应的质量半径关系 $M \propto R^{-1/3}$

情况下，其内部引力场最强的区域也仍有可能率先导致时空无限弯曲 (对应于达到力学平衡所需要的中心压强无穷大)。因此，根据爱因斯坦场方程在星体内部的解，可以确定第二个质量上限 [69]

$$M_{\max} = \frac{4c^2 R}{9G} = 3.00 R_6 M_\odot \tag{2.16}$$

最后，即使不考虑广义相对论效应，根据狭义相对论我们还知道，引力并不只来自于质量也可来自于能量。不妨记包含了粒子静能量的能量密度为 e，那么对于 $e \gg \rho c^2$ 的情况，由极限物态 $P = \frac{1}{3}(e - \rho c^2) \sim GMe/Rc^2$，可以给出一个完全只由狭义相对论效应决定的质量上限

$$M_{\max} = \frac{c^2 R}{3G} = 2.26 R_6 M_\odot \tag{2.17}$$

超过了这个上限，一般认为就破坏了物质的因果律 (物质声速超过了上限)。当然，实际星体内物质的物态一定比上述极限物态更软 (即相同密度下压强较小)，因此中子星实际的质量上限应低于上述因果律上限。人们希望通过观测确定中子星质量上限的确切数值以限制核饱和密度附近及其之上的物态方程。图 0.4 展示了目前测量到的中子星质量及它们的分布情况。中子星质量的上限值不应低于这些已有的观测值，这对于理论而言是一个非常重要的观测限制。

2.3 分层结构

中子星从核心到外表面的密度跨度非常大，因而其不同半径处的物质组分可以很不相同，会涉及多个不同形式的物态方程。所以，实际的中子星结构要比 2.2 节的描述复杂得多。基于第 1 章的计算和讨论，我们可以定性地将中子星分为如下几个层次，如图 2.4 所示。

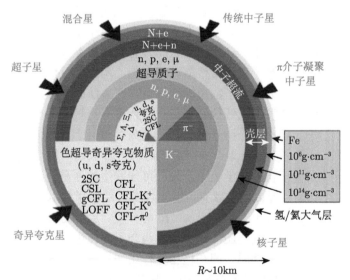

图 2.4 中子星的结构分层及内核组分的多样性。图源：文献 [76]

(1) 大气层：由气态等离子体组成。其厚度从数毫米到数十厘米不等，取决于表面的温度。对于非常热的星体，大气层可能完全消失。大气层对于中子星热辐射谱的轮廓形成具有重要的影响。

(2) 表层 ($\rho < 10^7 \mathrm{g \cdot cm^{-3}}$)：逆 β 衰变尚未发生，类似于白矮星的结构，主要是由普通原子核组成固态结构，电子简并压起主要支撑作用。表层常常被归结在外壳结构中而不做单独考虑。主要决定中子星内外温度之间的梯度。

(3) 外壳 ($10^7 \mathrm{g \cdot cm^{-3}} < \rho < 10^{11} \mathrm{g \cdot cm^{-3}}$)：结构与表层基本一样，只是原子

核已经开始富中子化，可由 BPS 物态描述。

(4) 内壳 (10^{11}g·cm^{-3} < ρ < 10^{14}g·cm^{-3})：自由中子开始从原子核中析出，充斥于原子核的晶格中，中子简并压开始起作用，可采用 BBP 物态。原子核的形状可能不再是球形，而会出现柱、片、管、泡等各种形状。

(5) 外核 (10^{14}g·cm^{-3} < ρ < 10^{15}g·cm^{-3})：由自由中子、质子和电子组成的流体。从内壳底部开始，中子和质子很可能处于超流和超导的状态。

(6) 内核 (ρ > 10^{15}g·cm^{-3})：组成成分不确定，可能由超子、介子或夸克物质主导。

为了更好地理解中子星内核的不确定性，我们有必要更多地了解一下物质的基本组成情况。在认识到原子核由中子和质子组成之后，M. Gell-Mann 和 G. Zweig 在 1964 年进一步提出强子 (包括重子和介子) 是由夸克组成的[40,41]。比如，中子由一个上夸克 (u) 和两个下夸克 (d) 组成 (udd)，质子则由两个上夸克和一个下夸克组成 (uud)，而传递核力的 π 介子则由两个上、下夸克组成。更全面来看，除了上、下夸克，自然界还存在粲夸克 (c)、奇异夸克 (s)、顶夸克 (t)、底夸克 (b) 四种。如图 2.5(a) 所示，三代夸克分别对应电子 (e)、缪子 (μ) 和陶子 (τ) 三代轻子及其相应的中微子，三代粒子之间具有数量级差异的流质量。夸克和轻子加上传递相互作用的粒子以及希格斯粒子一起，构成了我们所熟知的正常物质的基本单元。这就是所谓的粒子物理标准模型。在系统的能标超过了某种重味夸克的流质量的时候，将发生从低代轻夸克向高代重夸克转化的反应。如果这个夸克隶属于某个强子，那么这个强子的性质也将发生变化。比如当核子 (中子或质子) 中的某个上、下夸克转化为奇异夸克的时候，那么这个核子将转变为一个超子。在中子星百兆电子伏的化学势下，最有可能发生的便是上、下夸克向奇异夸克的转化。于是，中子星内核中就有可能出现 Λ、Σ 超子和 K 介子等由 u、d、s 夸克组成的带奇异数的多重态。对于 π、K 等介子，因为是玻色子，所以当它们出现在中子星内核中的时候，还可能出现这些介子的玻色-爱因斯坦凝聚现象。

夸克具有渐近自由的性质，即在色相互作用的力程范围内，距离越远相互作用越强，因此夸克一般都是禁闭在强子中，很难自由存在。在什么条件下可以发生强子向自由夸克的解禁闭相变，这是基础物理研究追求的关键科学目标之一。理论上有两种可能的相变途径，如图 2.5(b) 所示，要么有足够高的温度 (如强子对撞机便是为了创造这种条件而建造)，要么有足够高的密度。因此，很多人相信在中子星内核的高密条件下可能发生如下解禁闭反应：

$$p \rightarrow 2u + d \tag{2.18}$$
$$n \rightarrow u + 2d \tag{2.19}$$

并且，在解禁闭之后迅速发生如下一些夸克间的转化[43]：

$$d \to ue\bar{\nu}_e, \ ue \to d\nu_e \tag{2.20}$$

$$ud \to us \tag{2.21}$$

$$s \to ue\bar{\nu}_e, \ ue \to s\nu_e \tag{2.22}$$

通过这些反应，原先的核物质将转变为完全由自由的 uds 夸克所组成的**奇异夸克物质 (strange quark matter)**。当然，这些过程是否真的能够在中子星内部发生，应取决于在相同的密度下奇异夸克物质的能量是否低于核物质。

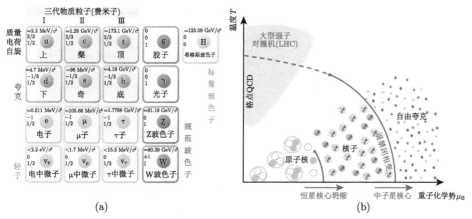

(a)   (b)

图 2.5　粒子物理标准模型 (a) 和强子-夸克相变的相图 (b)

2.4　混合星和奇异夸克星

在认为至少中子星的核心可能存在自由夸克物质的前提下，对中子星结构的认识仍存在几种不同的观点 [47]。作为一种相变过程，从强子到夸克的相变必然要求这两相的化学势相等

$$\mu_B^{(H)} = \mu_B^{(Q)} \tag{2.23}$$

其中，脚标 B 表示这是对应于重子数守恒的化学势，上标 (H) 和 (Q) 分别对应强子相和夸克相。在两相之间没有其他关联的情况下，比如各自保持电中性，这相当于对每一相内部的粒子配比做出了规定。因此，对于每一相来讲，它们的化学势就仅为重子数密度的函数，所以两相平衡就只会出现在某一特定的密度下，也即相变会在星体的某一半径处突然发生。这种中子星可以被称为**混杂星 (mixed star)**。而与此不同的是，如果认为两相之间的电中性是共同满足的，那么就等于把两个电中性条件减少了一个，增加了系统的自由度。在这种情况下，就可以在一定的密度范围内使式 (2.23) 成立。换句话说，从强子相到夸克相的相变是由外向内逐渐发生的 (非等压一级相变过程)，在一定半径范围内存在强子和夸克共存

的状态。这种中子星可以被称为**混合星 (hybrid star)**。基于第二种假设,考虑各种可能的粒子转化反应,每一个反应都将给出一个化学平衡方程 (与第 1 章中讨论的 β 平衡一样)。通过联立求解一系列化学平衡方程和电中性方程,我们就可以得到每一种粒子的化学势对重子数密度的依赖关系。因此,就可以得到如图 2.6 所示的混合星内部物质组分的变化情况。根据这个计算结果,我们可以清晰地看到相变的发生过程,确定不同密度下应该采用的物态方程。再将这些物态方程代入 TOV 方程便可以得到该星体的物质分布和质量半径关系。

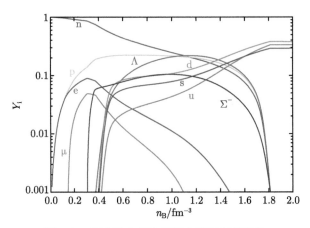

图 2.6　混合星内部物质组分随密度的变化

还有一种极端的观点认为,如果奇异夸克物质的确是物质的真正基态,那么一旦中子星内部出现了自由夸克,所有具有自由中子的区域都将迅速相变为自由夸克,从而形成一个几乎完全由自由夸克所组成的星体,即**夸克星 (quark star)**。因为自由夸克中存在奇异夸克,所以也常被称为**奇异夸克星或奇异星 (strange star)**。对于奇异夸克物质而言,因为具有渐近自由的性质,所以在局域上我们可以将它作为一种理想气体加以对待,且由于夸克的流质量远小于化学势,因而具有相对论性气体的属性。整体上,夸克间的强相互作用是不可忽略的。针对这种性质,人们往往采用 MIT 袋模型[①] 来描述奇异夸克物质的物态方程,即将强相互作用的效果用一个袋常数 B 作为一种负压强放到理想气体的物态方程里面[77]:

$$P = \frac{1}{3}(e - 4B) \tag{2.24}$$

袋常数的物理含义是强相互作用对物质能量密度的贡献,它的引入就类似于 1.3 节中对电子简并压的库仑势能修正。利用该物态计算得到的夸克星质量半径关系如图 2.7(b) 中左边三条灰色线所示。可以看到,其趋势和中子星的情况截然不同。

---

① 该模型主要由美国麻省理工学院（MIT）的研究小组建立,故由此称谓。

一方面，它的质量和半径具有正比关系；另一方面，它的质量原则上可以任意小。这是因为夸克星的物质是完全依靠自身的强作用来束缚的，而并不是靠引力束缚。最后，在夸克星内部，一定数目 (以 3 的倍数) 的夸克原则上还可以在局部范围内发生凝聚和成团，形成一种超大的强子，可称为**奇子 (strangeon)** [44]。然后再由这些奇子组成星体，其微观结构可能表现为固态。

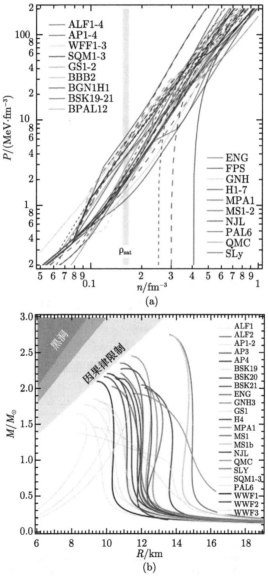

图 2.7 基于不同物理假设所得到的各种物态方程 (a) 及其对应的质量半径关系 (b)。左上角的限制区域决定于 (2.15)、(2.16) 和 (2.17) 三式。图源：文献 [48]

由于夸克星的强作用自束缚性质, 它可以具有一个异常明确的表面。在 $\sim$ 10^{-13}cm(即强作用的力程大小) 以内的范围内, 夸克的密度可从核物质密度突然下降为零。而与此同时, 由于电子参与的电磁作用是一种长程相互作用, 因此它们可以突破夸克星的表面并分布到相对更远的地方。当然, 一旦电子离开了夸克所在区域, 星体就会由于带正电而在其周围形成一个正电场, 从而阻止那些跑出去的电子跑得太远。最终, 夸克星的表面将形成一个具有一定厚度的电子气层, 它与其中的电势一起可以下述方程描述:

$$\frac{\mathrm{d}^2 U}{\mathrm{d}r^2} = \begin{cases} 4\pi e^2 (n_\mathrm{e} - n_\mathrm{q}), & r < R \\ 4\pi e^2 n_\mathrm{e}, & r > R \end{cases} \tag{2.25}$$

这里, U 表示电子的电势能, n_e 为电子的数密度, n_q 是三味夸克净电荷所对应的重子数密度 (在星体内部有 $n_\mathrm{q} = n_\mathrm{e}$), R 为夸克星的半径。在平衡状态下, 可以有 $U = \mu_\mathrm{e}$, 其中 $\mu_\mathrm{e} = [(3\pi^2 n_\mathrm{e})^{2/3}(\hbar c)^2 + m_\mathrm{e}^2 c^4]^{1/2}$ 是电子的化学势。于是静电场方程可以改写为

$$\frac{\mathrm{d}^2 U}{\mathrm{d}r^2} = \begin{cases} \frac{4e^2}{3\pi(\hbar c)^3}\left[(U^2 - m_\mathrm{e}^2 c^4)^{3/2} - (U_\mathrm{q}^2 - m_\mathrm{e}^2 c^4)^{3/2}\right], & r < R \\ \frac{4e^2}{3\pi(\hbar c)^3}(U^2 - m_\mathrm{e}^2 c^4)^{3/2}, & r > R \end{cases} \tag{2.26}$$

这里, U_q 的数值可由表面内部夸克的化学势给定。再根据夸克星表面两边电场的连接条件和电场在星体内部和无穷远处趋零的边界条件, 我们可以求解得到夸克星表面的静电势分布, 也即电子的分布。从图 2.8 中可以看到, 电子大概分布在夸克星表面 $\sim 10^{-10}$cm 的范围内, 相应的电场强度高达 $\sim 10^{17}$V·cm^{-1}, 可以使

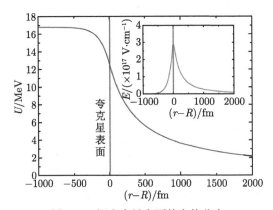

图 2.8 裸夸克星表面的电势分布

真空激发产生正负电子对。所以，裸夸克星表面强烈的电子对辐射是其区别于普通中子星的一个特殊性质。不过，当有外部物质可以落到裸夸克星上时，这些物质仍然可能在其表面形成一个如同普通中子星外壳层的结构，它主要依靠电子层的简并压支撑。外壳层中的原子核因为带着正电，所以即使它们由于某种扰动而落到电子层中也会被强大的电场力排斥出来。但是，如果有自由中子从原子核中析出，那么这个中子就可以毫不费力地穿过电子层进入夸克星内部发生相变。因此，夸克星壳层的底部密度不能超过中子滴密度。

通过本章的介绍，我们可以看到所谓中子星的实际物质组分是非常复杂的，它包括很多不同的可能性，而绝不是完全由简单的 npe 气体所组成。遵循历史发展的原因，我们通常仍然把所有这些不同的可能统称为中子星，因此这是一个非常广义的概念。图 2.7 展示的正是当前人们提出来的一些具有代表性的中子星物态方程 (a) 及其对应的质量半径关系 (b)。我们希望通过中子星的观测来对这些不同的物理可能性进行鉴别，以揭示在这种高密环境下物质究竟处于何种状态。

第 3 章 热 演 化

3.1 热传递和冷却方程

第 2 章的计算使我们对中子星的宏观性质有了大概的了解，接下来的问题是我们该通过何种手段去发现这种理论预言的奇特天体。基于对恒星和白矮星的研究经验，天体辐射的温度和光度常常是它们最直接的观测表现，如图 3.1 中的 Hertzsprung-Russell 图所示。因此，对于中子星而言，我们自然也想到要先了解它们的冷热程度，才好确定针对它们的观测手段和技术需求。对于刚刚诞生的原中子星，我们知道它们的温度可以高达 $\sim 10^{11}$K，对应的热光子应为 ~ 10MeV 的伽马射线，光度可估计为 $L \sim 4\pi R^2 \sigma T^4 \sim 10^{53}$ erg·s^{-1}。初看之下，这个极高光度似乎很容易被观测到。但是，在初生的时刻，内能能否足够快速地从星体内部传递出来，其实存在很大问题。如果不能，那么在表面极薄的一层光子在极短的时间内逸出后，热辐射便无以为继，上述光度估算也就不再适用。况且，新生的中子星都会被厚厚的恒星包层物质 (超新星抛射物) 所包裹，因而即使具有很强的热辐射也是无法被观测的。而与此同时，中微子的扩散和逃逸会比光子容易得多，是原中子星内能损失的主要通道，能使其温度在几秒后降低到 10^{10}K 左右。

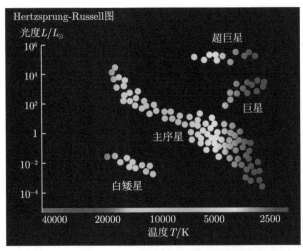

图 3.1　Hertzsprung-Russell 图——恒星温度和光度分布图

从观测可行性的角度，我们更加关心年龄更大中子星的热辐射性质，这种观测的机会也更大。所以，我们需要搞清楚星体的温度是如何随时间演化的。除了原中子星阶段需要考虑中微子的扩散过程外，一般情况下中子星内能的损失主要通过中微子的自由辐射和热传递两种方式进行。取星体内部任一单位体积微元，其温度 T 随时间 t 的变化决定于

$$c_{\mathrm{v}} \frac{\mathrm{d}T}{\mathrm{d}t} = -\epsilon_\nu - \frac{1}{4\pi r^2} \frac{\partial L}{\partial r} \tag{3.1}$$

其中 c_{v} 是比热。右边第一项 ϵ_ν 表示该微元单位时间内通过辐射中微子所释放的能量，第二项则表示由于存在热流 L 的径向梯度而引起的净热流。热流光度的大小决定于温度梯度

$$L = -4\pi r^2 \lambda \frac{\partial T}{\partial r} \tag{3.2}$$

其中比例系数 λ 称为热传递系数。如果没有温度的梯度，也就不会有热量的流动。联立 (3.1) 和 (3.2) 两式，可得到

$$c_{\mathrm{v}} \frac{\mathrm{d}T}{\mathrm{d}t} = -\epsilon_\nu - \lambda^2 \frac{\partial^2 T}{\partial r^2} \tag{3.3}$$

这就是决定中子星内部温度分布和演化的**热传递方程**。求解该方程的关键在于事先确定中微子辐射率 ϵ_ν 和热传递系数 λ 对温度和密度的依赖关系。我们将在 3.3 节详细讨论中微子的辐射，此处先来分析热传递。众所周知，热传递具有传导、辐射和对流三种途径。对于等离子体流体且不考虑对流效应，热传递的快慢主要决定于光子和电子这两种热量载子的运动，分别对应辐射和传导两种热传递方式。当然，原则上其他所有的粒子都是热量载子，只不过因为质量比电子大很多，所以导热效果没有电子强。

首先，对于光子，它们在介质中的传播速度会远远小于光速，因为在传播的过程中光子很容易与介质粒子发生"碰撞"。对于低频的电磁波，还会与等离子体的集体运动发生耦合 (见 4.2 节)。我们说一个物体是不是透明的，实际上就是指光子在里面传播的时候与介质粒子发生散射① 的概率是否大于 1。当一个光子穿过一个长度为 l，粒子数密度为 n 的介质时，它与介质粒子发生散射的概率 (对于 l 足够小而言) 可以写为

$$\tau = \sigma_{\mathrm{s}} n l \tag{3.4}$$

---

① 物理上可以把微观粒子间的相互作用过程统称为散射，本段的论述便是基于这种广义的定义 (狭义的散射仅指改变光子的运动方向)。在天文上，散射一般还专门指光子和微米尺度的尘埃颗粒发生碰撞改变方向的过程。

式中，σ_s 是光子和介质粒子之间的**散射截面 (scattering cross section)**，可以形象地理解为光子在面对该种粒子时的有效面积。发生散射的概率 τ 被称作**光深 (optical depth)**，是判断介质透明与否的量度。$\tau > 1$ 的介质称作**光学厚 (optical thick**，不透明)，$\tau < 1$ 的介质称作**光学薄 (optical thin**，透明)。当然，因为散射截面 σ_s 的大小实际上依赖于光子的能量，所以同一个物体对于有些频率的光是透明的，而对另外一些频率的光则可能是不透明的。通常，人们还会将单位质量物质的总散射截面记为 $\kappa = \sigma_s/m$，称为该物质的**不透明度 (opacity)**，其中 m 是介质粒子的平均质量。这时式 (3.4) 可以写为

$$\tau = \kappa\rho l \tag{3.5}$$

其中，ρ 为质量密度。当一束光在介质中传播时，与介质粒子间的散射会使部分光子"消失"，因而光束流量密度 F 将逐渐减小，在 Δl 距离上的减小量为

$$\Delta F = -F\Delta\tau = -F\kappa\rho\Delta l \tag{3.6}$$

注意，这里所谓的"消失"，有可能指光子被介质粒子真正吸收，也可能只是被改变了方向和能量 (即狭义上的散射)。在前一种情况下，这些被吸收的能量将转化为介质的内能，继而可能导致新的辐射产生。在后一种情况，改变了方向和能量的光子也可以被看作是一个全新的光子，而原来的入射光子的确是消失了。所以总的来说，我们都可以用式 (3.6) 一概地描述辐射被削弱的过程，而后继的辐射效应则可另作表述。

对于式 (3.2) 定义的热流，我们只知道它决定于温度的梯度，但并不知道热传递系数的具体表达形式。不妨考虑一段具有稳定温度分布的介质，如图 3.2 所示，左边温度高、右边温度低，即温度差 $\Delta T < 0$。根据前面的讨论，热流在经过一段 Δr 的距离后被吸收的量为 $\Delta F = -F\kappa\rho\Delta r$。考虑到温度的稳定分布，$\Delta r$ 微元内的能量并不会发生变化，所以被吸收的能量一定会同时流出去。取该微元内垂直于热量流动方向的一个截面，从该截面左边往右边流动的热量 aT^4c 并不等于从右往左流动的热量 $a(T + \Delta T)^4c$，两者之差 $4acT^3\Delta T$ 正代表着 Δr 距离上

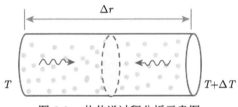

图 3.2   热传递过程分析示意图

所产生的能量外流。因此，我们可以得到 $-F\kappa\rho\Delta r = 4acT^3\Delta T$，即有

$$F = -\frac{4acT^3}{\kappa\rho}\frac{\mathrm{d}T}{\mathrm{d}r} = -\frac{c}{\kappa\rho}\frac{\mathrm{d}u}{\mathrm{d}r} \tag{3.7}$$

其中，$u = aT^4$ 代表辐射内能密度。考虑星体球形的结构，上式还需要额外增加一个系数 1/3，相应的热流光度可以表示为

$$L = -4\pi r^2\frac{16\sigma T^3}{3\kappa\rho}\frac{\partial T}{\partial r} \tag{3.8}$$

与式 (3.2) 比较后，我们可以得到由辐射传递所决定的热传递系数

$$\lambda_{\mathrm{r}} = \frac{16\sigma T^3}{3\kappa\rho} \tag{3.9}$$

在中子星内部，核物质的不透明度主要决定于光子和自由电子的汤姆孙散射，因此具有很好的导热性。热量的快速流动使得星体内部的温度可以很快达到相对均匀。但是，当中子星的固态壳层形成的时候，中子滴密度以下的外壳层中会存在大量电离不充分的离子，这些离子将对光子的传输造成极大的不透明度。当然，在外壳层中，由电子运动主导的传导过程将对热传递发挥重要作用，其对应的热传递系数 (热导率) 可以表示为

$$\lambda_{\mathrm{e}} = \frac{bn_{\mathrm{e}}T}{m_{\mathrm{e}}^*\kappa_{\mathrm{e}}\rho v_{\mathrm{e}}} \tag{3.10}$$

该式的推导过程与式 (3.9) 类似，其中系数 b 对非简并和简并情况分别为 $\frac{3}{2}k^2$ 和 $\frac{\pi^2}{3}k^2$，$m_{\mathrm{e}}^* = m_{\mathrm{e}}(1 + p_{\mathrm{F}}^2/m_{\mathrm{e}}^2c^2)^{1/2}$ 表示电子的有效质量，v_{e} 为电子速度在热流方向的分量。

基于上面的分析，作为一种简化，我们可以认为中子星的内部具有基本均匀的温度 T，而内部温度与星体表面温度 T_{s} 之间的梯度主要在外壳层中形成。在此情况下，可以考虑对式 (3.1) 进行积分

$$\int c_{\mathrm{v}}\frac{\mathrm{d}T}{\mathrm{d}t}\mathrm{d}V = -\int \epsilon_{\nu}\mathrm{d}V - \int \frac{1}{4\pi r^2}\frac{\partial L}{\partial r}\mathrm{d}V$$
$$= -\int \epsilon_{\nu}\mathrm{d}V - \oint \frac{L}{4\pi r^2}\mathrm{d}S \tag{3.11}$$

进而可得到简化的中子星的冷却方程

$$C_{\mathrm{v}}\frac{\mathrm{d}T}{\mathrm{d}t} = -L_{\nu} - L_{\mathrm{s}} \tag{3.12}$$

其中，C_V 和 L_ν 表示中子星整体的热容量和中微子辐射光度；L_s 是中子星表面的热辐射光度，它决定于中子星的表面温度，具体可以表示为

$$L_s = 4\pi R^2 \sigma T_s^4 \qquad (3.13)$$

其中 R 为星体半径。最后需要说明，类似于 TOV 方程，本节所列方程严格来说均需考虑广义相对论效应的修正。为了简单起见，我们也可以近似单独地考虑这个效应，在式 (3.12) 的求解结果上直接增加如下广义相对论修正项 [78]：

$$L_s^\infty = L_s \left(1 - \frac{r_g}{R}\right)$$

$$T_s^\infty = T_s \sqrt{1 - \frac{r_g}{R}}$$

其中，$r_g = 2GM/c^2$ 是星体质量 M 所对应的史瓦西半径。

3.2　外壳层和表面热辐射

外壳层中的热传递涉及非常多的物理过程。总体上讲，辐射不透明度主要决定于光子的束缚-束缚、束缚-自由、自由-自由吸收以及光子与电子的汤姆孙散射。前面三种情况分别指光子使离子中的束缚态发生从低态到高态的跃迁、使束缚态电子电离为自由电子以及自由电子在离子场中与光子发生散射而获得能量的情况，最后一种情况可以视为电子在离子场中发生轫致辐射 (自由-自由辐射) 的逆过程。与此相对应的，与电子相关的传导过程在固态中主要是电子-光子、电子-杂质、电子-电子散射过程，在液态中则主要是电子-离子、电子-电子散射。上述过程的发生高度依赖于物质的密度和温度，中子星外壳层中不同温度、密度区的主要热传递过程如图 3.3 所示。具体来说，在 "传导 = 辐射" 线以下，热量传输主要通过传导，以上则以辐射为主。在辐射为主区域，"散射" 以上以光子的汤姆孙散射为主，以下则以光子的束缚-束缚、束缚-自由、自由-自由吸收过程为主。"传导 = 辐射" 线与 "熔解曲线" 之间主要是电子-离子散射；"熔解曲线" 以下壳层为固态，因此在 "T = 德拜温度" 线之上以电子-声子散射为主，以下则主要为电子-杂质散射。在所有条件下，电子-电子散射对导热系数的贡献很小，可以忽略。当然，图 3.3 中的区域划分是定性的，在具体的计算中需要与热传递方程的求解同时进行，而不能事先确定。

根据上述知识，外壳层中的温度梯度可以由式 (3.8) 给出 (在稳态下偏导改写为全导)

$$\frac{dT}{dr} = -\frac{3\kappa\rho}{16\sigma T^3} \frac{L_s}{4\pi r^2} \qquad (3.14)$$

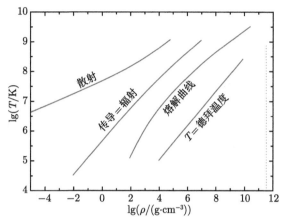

图 3.3 外壳层不同温度、密度区的热传递性质示意图。图源：文献 [78]

考虑到中子星的热量主要来自于星体内部，壳层的贡献可以忽略，因此可将上式中的热流光度直接固定为星体表面的光度值，再将 $\dfrac{\mathrm{d}P}{\mathrm{d}r} = -\dfrac{Gm\rho}{r^2}$ 代入上式得到

$$\frac{\mathrm{d}T}{\mathrm{d}P} = \frac{3\kappa\rho}{16\sigma T^3}\frac{L_\mathrm{s}}{4\pi r^2}\frac{r^2}{GM\rho} = \frac{3\kappa}{16\sigma T^3 g_\mathrm{s}}\frac{L_\mathrm{s}}{4\pi R^2} \tag{3.15}$$

其中，$g_\mathrm{s} = GM/R^2$ 是中子星表面的引力加速度。最后，根据壳层内部不同的温度和密度，采用不同的不透明度和物态方程，便可以求解式 (3.15) 得到壳层内的温度分布。如果取 κ 为常数，则可以知道温度正比于 P。那么对于多方物态，温度与密度之间的关系也将表现为简单的幂函数。具体的数值计算结果如图 3.4 所示，可以看到温度随密度的增加的确基本遵循幂律形式。在密度大于 $10^{10}\mathrm{g}\cdot\mathrm{cm}^{-3}$ 后，温度分布将逐渐趋于均匀。根据这些数值结果，我们可以每取一个内部温度，就得到一个表面温度，从而得到内部温度与表面温度之间的函数关系，通过拟合可以得到[78]

$$T_\mathrm{s} = 3.08 \times 10^6 g_{\mathrm{s},14}^{1/4} T_9^{0.55} \tag{3.16}$$

将上式代入式 (3.7)，可以得到中子星表面热辐射关于内部温度的函数关系

$$\begin{aligned} L_\mathrm{s} &= 4\pi R^2 \sigma T_\mathrm{s}^4 \\ &= 8.6 \times 10^{34} \left(\frac{M}{M_\odot}\right) T_9^{2.2}\ \mathrm{erg}\cdot\mathrm{s}^{-1} \end{aligned} \tag{3.17}$$

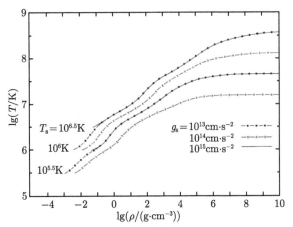

图 3.4   中子星壳层内的温度分布。图源：文献 [78]

3.3   中微子辐射

冷却方程中的中微子光度及单位体积的中微子辐射率决定于以直接和修改 Urca 过程为代表的弱反应过程。具体来说，我们需要计算这些反应发生的频率，并对每次产生的中微子能量进行求和平均。在描述弱作用的 Weinberg-Salam-Glashow 理论中，费米子之间的弱作用是通过交换带质量的矢量玻色子来实现的，非常类似于通过交换光子 (无质量的矢量玻色子) 而发生的电磁作用，这就是电弱统一理论。具体来说，弱作用的传播子包括带电的中间玻色子 W^+ 和 W^- 以及中性中间玻色子 Z^0 (见粒子物理标准模型)，相应的弱作用耦合常数为

$$G_F = \frac{1}{4\sqrt{2}} \frac{\alpha}{m_W^2} \sin^2 \theta_W = 1.436 \times 10^{-49} \text{ erg} \cdot \text{cm}^{-3} \tag{3.18}$$

其中，$\alpha = 1/137$ 是精细结构常数，m_W 是带电中间玻色子的质量，θ_W 为 Weinberg 角。基于量子场论的方法，我们可以得到中微子发生 β 衰变的不变散射振幅

$$\sum_{\text{spin}} |H_{fi}|^2 = 2G_F^2 \cos^2 \theta_C (f_V^2 + 3g_A^2) \tag{3.19}$$

其中，$H_{fi} = \langle p, e, \nu | \hat{H} | n \rangle$ 是弱作用哈密顿量 $\hat{H}$ 的初末态跃迁矩阵，θ_C 是雅可比角且有 $\sin \theta_C = 0.231$，$f_V = 1$ 是矢量耦合常数，$g_A = -1.26$ 是 Gamow-Teller 轴矢量耦合常数。上式已对末态粒子自旋求和，并对初态粒子自旋求平均。考虑到末态粒子出射状态的多样性，我们可以把 β 衰变的微分跃迁概率写为

$$dW_{i \to f} = \frac{2\pi}{\hbar} \sum_{\text{spin}} |H_{fi}|^2 \delta (\varepsilon_n - \varepsilon_p - \varepsilon_e - \varepsilon_\nu)$$

$$\times \delta^{(3)}\left(\boldsymbol{p}_{\mathrm{n}}-\boldsymbol{p}_{\mathrm{p}}-\boldsymbol{p}_{\mathrm{e}}-\boldsymbol{p}_{\nu}\right)\frac{\mathrm{d}^3\boldsymbol{p}_{\mathrm{p}}}{h^3}\frac{\mathrm{d}^3\boldsymbol{p}_{\mathrm{e}}}{h^3}\frac{\mathrm{d}^3\boldsymbol{p}_{\nu}}{h^3}h^3 \tag{3.20}$$

式中的 δ 函数表示反应前后的能量守恒和动量守恒。动量守恒使得粒子间的动量不独立，所以它们总的自由度要比粒子间相互独立的情况少 3 个维度，因此需要补偿前面多考虑了的相格体积，也就需要乘上最后一项 h^3。

有了上面的微分跃迁概率，我们便可以通过对出入射粒子的动量空间进行积分得到直接 Urca 过程的反应率。如果在积分中加入每次参与反应的中微子能量，那么也就得到了相应的中微子辐射率，即

$$\epsilon_{\nu,\mathrm{d}} = 2\iint \frac{\mathrm{d}^3\boldsymbol{p}_{\mathrm{n}}}{h^3}\mathrm{d}W_{\mathrm{i}\to\mathrm{f}}\varepsilon_{\nu}f\left(p_{\mathrm{n}}\right)\left[1-f\left(p_{\mathrm{p}}\right)\right]\left[1-f\left(p_{\mathrm{e}}\right)\right] \tag{3.21}$$

其中，系数 2 是 β 平衡下正反过程的结果，$f(p_j)$ 表示费米分布。计算上述积分的难点在于，由于能量守恒和动量守恒的要求，积分变量之间是不独立的。因此，需要涉及几项常用的数学技巧 (尤其是留数定理的使用)，值得一提。但因推导较为复杂，读者也可以略过，直接见式 (3.37) 的计算结果。在低温近似下，由于 $k_{\mathrm{B}}T \ll \varepsilon_{\mathrm{F},j}$，对 β 平衡反应有贡献的粒子主要处在费米面上下 $(\varepsilon_{\mathrm{F}}-k_{\mathrm{B}}T,\varepsilon_{\mathrm{F}}+k_{\mathrm{B}}T)$ 的球壳范围内，因此对相空间的积分可以改写为

$$\mathrm{d}^3\boldsymbol{p}_j = 4\pi p_{\mathrm{F},j}m_j^*\mathrm{d}\varepsilon_j\mathrm{d}\Omega_j = (k_{\mathrm{B}}T)p_{\mathrm{F},j}m_j^*\mathrm{d}x_j\mathrm{d}\Omega_j \tag{3.22}$$

其中，$m_j^* = p_{\mathrm{F},j}/v_{\mathrm{F},j} = m_j\left(1+p_{\mathrm{F}}^2/m_j^2c^2\right)^{1/2}$ 表示粒子的有效质量，$v_{\mathrm{F},j} = (\partial\varepsilon_j/\partial p_j)_{\mathrm{F}}$ 是费米速度，Ω_j 是 $\boldsymbol{p}_j$ 方向的相空间立体角，$x_j = (\varepsilon_j - \varepsilon_{\mathrm{F},j})/k_{\mathrm{B}}T$。对于中微子，如果其质量几乎为零，那么就有

$$\mathrm{d}^3\boldsymbol{p}_{\nu} = \frac{4\pi\varepsilon_{\nu}^2\mathrm{d}\varepsilon_{\nu}}{c^3} = \frac{4\pi(k_{\mathrm{B}}T)^3}{c^3}x_{\nu}^2\mathrm{d}x_{\nu} \tag{3.23}$$

其中，$x_{\nu} = \varepsilon_{\nu}/k_{\mathrm{B}}T$。基于上述变量代换，我们可以把式 (3.21) 改写为

$$\epsilon_{\nu,\mathrm{d}} = \frac{2(2\pi)^2}{h^{10}c^3}\sum_{\mathrm{spin}}|H_{\mathrm{fi}}|^2\left(\prod_{j=\mathrm{n,p,e}}p_{\mathrm{F},j}m_j^*\right)(k_{\mathrm{B}}T)^6 AI \tag{3.24}$$

其中

$$A = 4\pi\left(\prod_{j=\mathrm{n,p,e}}\int\mathrm{d}\Omega_j\right)\delta(\boldsymbol{p}_{\mathrm{n}}-\boldsymbol{p}_{\mathrm{p}}-\boldsymbol{p}_{\mathrm{e}}) \tag{3.25}$$

$$I = \int_0^{\infty}x_{\nu}^3\mathrm{d}x_{\nu}\left[\prod_{i=\mathrm{n,p,e}}\int_{-\infty}^{+\infty}f(x_j)\mathrm{d}x_j\right]\delta(x_{\mathrm{n}}+x_{\mathrm{p}}+x_{\mathrm{e}}-x_{\nu})$$

$$= \int_0^\infty x_\nu^3 \mathrm{d}x_\nu J(x_\nu) \tag{3.26}$$

在定义为 A 的积分中, 由于中微子的动量 $\sim k_\mathrm{B}T/c$ 远小于其他三个粒子的费米动量, 因此可以从动量守恒关系中忽略, 而它对应的相空间立体角则独立写为 4π。在积分 I 中, 因为具有 $1 - f(x) = f(-x)$ 的函数特性, 而对 x_p 和 x_e 的正负号做了重新定义, 从而使 n、p、e 三种粒子具有相同的地位。此外, 在对能量的 δ 函数做无量纲化的时候, 会引进 $(k_\mathrm{B}T)^{-1}$ 而使中微子辐射率总的温度依赖展现为 T^6 关系。

为了完成上述积分, 我们先对积分中的动量守恒 δ 函数做如下变形 (以下推导可具体参考文献 [69] 的附录 F)

$$\delta(\boldsymbol{p}_\mathrm{n} - \boldsymbol{p}_\mathrm{p} - \boldsymbol{p}_\mathrm{e}) = \delta(p_\mathrm{n} - |\boldsymbol{p}_\mathrm{p} + \boldsymbol{p}_\mathrm{e}|)\frac{\delta(\Omega_\mathrm{n} - \Omega_\mathrm{p+e})}{p_\mathrm{n}^2} \tag{3.27}$$

代入积分 A, 可以去掉对 $\mathrm{d}\Omega_\mathrm{n}$ 的积分, 而剩下

$$A = 4\pi \iint \mathrm{d}\Omega_\mathrm{p}\mathrm{d}\Omega_\mathrm{e}\frac{\delta(p_\mathrm{n} - |\boldsymbol{p}_\mathrm{p} + \boldsymbol{p}_\mathrm{e}|)}{p_\mathrm{n}^2} \tag{3.28}$$

再进一步做如下变换:

$$\begin{aligned} \delta(p_\mathrm{n} - |\boldsymbol{p}_\mathrm{p} + \boldsymbol{p}_\mathrm{e}|) &= \delta[p_\mathrm{n} - (p_\mathrm{p}^2 + p_\mathrm{e}^2 - 2p_\mathrm{p}p_\mathrm{e}\cos\theta)^{1/2}] \\ &= \frac{\delta[\cos\theta - (p_\mathrm{n}^2 - p_\mathrm{p}^2 - p_\mathrm{e}^2)/2p_\mathrm{p}p_\mathrm{e}]}{p_\mathrm{p}p_\mathrm{e}/p_\mathrm{n}} \end{aligned} \tag{3.29}$$

其中我们使用了 $\delta[f(x)] = \delta(x - a)/|f'(a)|$ 的关系, 并以 $\cos\theta$ 为 x。最后, 我们可以得到

$$A = \frac{32\pi^3}{p_\mathrm{F,n}p_\mathrm{F,p}p_\mathrm{F,e}}\Theta_\mathrm{npe} \tag{3.30}$$

其中 Θ_npe 是一个阶跃函数, 当三个费米动量满足三角关系 (即两者之和大于第三者) 的时候 $\Theta_\mathrm{npe} = 1$, 否则 $\Theta_\mathrm{npe} = 0$ (即直接 Urca 过程不能发生)。同时, 再利用 δ 函数的如下性质

$$\delta(x) = \frac{1}{2\pi} \int_{-\infty}^\infty \mathrm{e}^{\mathrm{i}zx}\mathrm{d}z \tag{3.31}$$

我们可以把积分式 I 中的 J 写为

$$J = \frac{1}{2\pi} \int_{-\infty}^\infty \mathrm{e}^{-\mathrm{i}zy}[f(z)]^3\mathrm{d}z \tag{3.32}$$

其中

$$f(z) = \int_{-\infty}^{\infty} \frac{e^{izx}}{1+e^x} dx \tag{3.33}$$

将上式作为复平面内回路积分 $\oint e^{izx}(1+e^x)^{-1}dx$ 的一部分，通过选择恰当的回路并利用留数定理，我们可以得到

$$f(z) = \frac{\pi}{i \sinh \pi z} \tag{3.34}$$

将上式代入式 (3.33) 并再次使用留数定理，可有

$$J = \frac{\pi^2 + y^2}{2(1+e^y)} \tag{3.35}$$

因此，积分 I 的最终结果为

$$I = \int_0^\infty y^3 \frac{\pi^2 + y^2}{2(1+e^y)} dy = \frac{457\pi^6}{5040} \tag{3.36}$$

最后，将 (3.30) 和 (3.36) 两式代入式 (3.21)，我们可以得到直接 Urca 过程的中微子辐射率为 [64,80]

$$\begin{aligned}
\epsilon_{\nu,d} &= \frac{457\pi}{10080\hbar^{10}c^3} G_F^2 \cos^2\theta_C \left(f_V^2 + 3g_A^2\right) m_n^* m_p^* m_e^* (k_B T)^6 \Theta_{npe} \\
&= 4 \times 10^{27} \left(\frac{n_e}{n_0}\right)^{1/3} \frac{m_n^* m_p^*}{m_n^2} T_9^6 \Theta_{npe} \text{ erg} \cdot \text{cm}^{-3} \cdot \text{s}^{-1}
\end{aligned} \tag{3.37}$$

其中 $n_0 = 0.16 \text{fm}^{-3}$。在第 1 章中我们提到，中子星中更容易发生的反应其实是修改 Urca 过程，其中微子辐射率的计算过程与上述类似，这里仅给出最后的结果 [79,80]：

$$\epsilon_{\nu,m} = 8 \times 10^{21} \left(\frac{n_p}{n_0}\right)^{1/3} \left(\frac{m_n^*}{m_n}\right)^3 \left(\frac{m_p^*}{m_p}\right) T_9^8 \text{ erg} \cdot \text{cm}^{-3} \cdot \text{s}^{-1} \tag{3.38}$$

此外，中子星内部能够产生中微子的反应实际上还很多，比如核子之间的轫致辐射也会有重要的贡献，本书不再一一赘述。此外，如果核物质中出现了超流、超导的情况，那么相空间就会在费米面附近出现显著的间隙，从而严重抑制中微子的产生率。

3.4 冷 却 曲 线

在确定了中子星表面热辐射光度和中微子辐射光度后，我们便可以求解式
(3.12) 所示的冷却方程。仍以直接 Urca 过程为例，我们首先比较热光度 $L_{\rm s} \sim$
$10^{35}T_9^{2.2}\mathrm{erg \cdot s^{-1}}$ 和中微子光度 $L_\nu \sim \frac{4}{3}\pi R^3 \epsilon_\nu \sim 10^{45}T_9^6 \mathrm{erg \cdot s^{-1}}$ 之间的大小关系，
可以得到一个转换温度：$T_{\rm tr} \sim 2 \times 10^6$ K。在 $T > T_{\rm tr}$ 的时候，因为有 $L_\nu > L_{\rm s}$，
中子星的冷却主要由中微子辐射主导。此时冷却方程可写为

$$\widetilde{C}_{\rm v}T\frac{\mathrm{d}T}{\mathrm{d}t} \approx -L_\nu = -\widetilde{L}_\nu T^6 \tag{3.39}$$

从而有

$$T = T_{\rm i}\left(1 + \frac{4\widetilde{L}_\nu T_{\rm i}^4}{\widetilde{C}_{\rm v}}t\right)^{-1/4} \tag{3.40}$$

其中，$\widetilde{C}_{\rm v}$ 和 $\widetilde{L}_\nu$ 是相关物理量剔除温度项之后的系数，$T_{\rm i} = 10^{10}$K 是中子星的初
始温度。可定义 $t_\nu = \widetilde{C}_{\rm v}/(4\widetilde{L}_\nu T_{\rm i}^4) = 0.03T_{\rm i,10}^{-5}$ s，对于 $t > t_\nu$ 的情况，上式可简
化为 $T = T_{\rm i}\left(t/t_\nu\right)^{-1/4}$。因此，从中微子辐射主导到热辐射主导的转换时间可以
估算为

$$t_{\rm tr} = t_\nu\left(\frac{T_{\rm i}}{T_{\rm tr}}\right)^4 \sim 5 \times 10^5 T_{\rm i,10}^4 \text{ yr} \tag{3.41}$$

相反，对于 $t > t_{\rm tr}$ 也即 $T < T_{\rm tr}$ 的情况，由于 $L_\nu < L_{\rm s}$，表面热辐射成为中子星
冷却的主要通道，即

$$\widetilde{C}_{\rm v}T\frac{\mathrm{d}T}{\mathrm{d}t} \approx -L_{\rm s} = -\widetilde{L}_{\rm s}T^{2.2} \tag{3.42}$$

它的解是

$$T = T_{\rm tr}\left[1 + \frac{\widetilde{L}_{\rm s}T_{\rm tr}^{1/5}}{5\widetilde{C}_{\rm v}}\left(t - t_{\rm tr}\right)\right]^{-5} \tag{3.43}$$

将 (3.40) 和 (3.43) 两式分别用点线和实线画于图 3.5 中，它们组合在一起便
是由直接 Urca 过程主导的中子星冷却曲线。同时，我们也可以用数值方法直接
求解完整的冷却方程，其结果如图 3.5 中绿线所示。数值结果和解析近似吻合得
非常好 (为了比较，图中解析结果上抬了 1.5 倍，不然两者除了转换位置外是完
全重合的)。在实际的研究计算中，鉴于方程的复杂程度，数值计算方法常常是唯
一的选择。将这些结果与式 (3.16) 相结合，我们就可以给出中子星表面温度随其

年龄的演化情况, 如图 3.5 中紫线所示。可以看到, 大概在百万年的时间尺度内, 中子星表面温度将长期维持在 $10^5 \sim 10^6$K 的量级。如果是对于较小质量的中子星, 只有修改 Urca 可以发生, 那么它们的冷却还将更慢一些。所以, 总的来说, 观测上我们最可能发现的便是具有百万开尔文温度的中子星, 其年龄一般不会大于百万年。对于更老年的中子星, 表面热辐射将使其温度快速下降, 从而难以被观测到, 除非在晚期演化中出现了很强烈的加热效应。10^6K 的温度对应峰值频率为 10^{16}Hz 的热光子, 表明中子星的表面热辐射主要发生在 X 射线能段。如果需要建造这样的 X 射线望远镜, 那么它们的灵敏度应达到

$$F = \frac{L_s^\infty}{4\pi d^2} \sim 10^{-11} \ \mathrm{erg \cdot s^{-1} \cdot cm^{-2}} \tag{3.44}$$

这里中子星到地球的距离 d 取银河系内特征尺度 kpc 的量级。要建造这样的 X 射线望远镜并不容易。

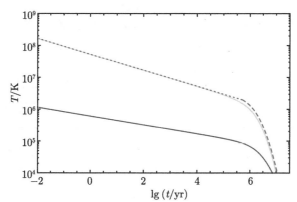

图 3.5　中子星的冷却曲线。绿色和紫色实线分别为内部温度和表面温度, 虚线为式 (3.40) 和式 (3.43) 给出的解析结果

　　在对中子星的温度和年龄进行测量之后, 我们便可以用这些数据来检验中子星热演化的理论模型, 如图 3.6 所示。要能够与这些观测数据进行有效的比较, 相应的理论计算实际上要比本章所介绍的复杂得多。比如, 对于刚刚诞生的中子星, 其表面温度应决定于爱丁顿光度 (见式 (7.35))。由于温度很高, 固态的壳层结构一开始可能并不存在。不过, 随着星体的冷却, 壳层逐渐形成, 但其中的热结构大概需要 100 年才能逐渐建立。所以, 在最早的 100 年内 (除了第一年[81]), 尽管内部温度在不断降低, 星体表面温度却能够基本维持不变。当然, 要很好地描述这个过程, 需要严格求解方程 (3.1) 和 (3.2), 并且还需在方程中加入相对论的修正项。图 3.7 展示了求解这些方程所得到的中子星温度分布随时间演化的一个例子。

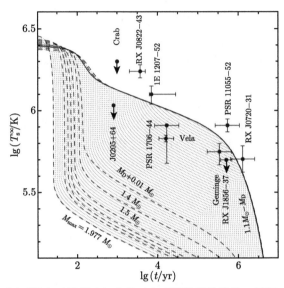

图 3.6　　不同质量中子星的冷却曲线及和观测数据的比较。图源：文献 [82]

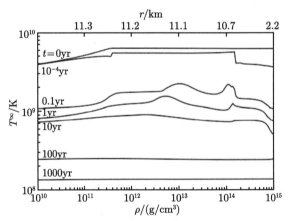

图 3.7　　中子星内部温度分布随时间的演化。图源：文献 [83]

　　总的来说，针对中子星温度演化的研究，无论从理论还是观测的角度都存在大量的复杂因素，是一项系统工程。比如，当中子星的内部温度低于 $\sim 10^9$K 后，核物质很可能会进入超流、超导状态，从而显著影响中微子产生率、热容量、热导率等物质属性。同时，中子星中还可能存在一些加热机制，一定程度地延缓中子星的冷却，比如强子夸克相变所释放的相变潜热、一些流体力学不稳定性的黏滞耗散，甚至是暗物质粒子在星体内部的湮灭等。从观测角度，对中子星表面温度的测量取决于对其热辐射能谱的拟合，而该能谱却会因为很多原因而偏离本来的黑体谱。比如,中子星的大气层虽然很薄,但可以实质性地改变中子星表面的热辐射。再者,如果中子星的磁场非常强,它也会显著影响外壳层的导热性,导致表面温度分布的各向异性。此外,中子星的强磁场还会使它们拥有一个非常复杂的磁层结构,其中可以发生很多非热辐射过程 (比如回旋共振散射,见 8.2 节),这都会严重影响人们对中子星表面温度的测量。

第 4 章 脉冲星观测

4.1 射电脉冲星概述

4.1.1 意外发现

第 3 章有关中子星热演化的计算表明，要通过观测它们的表面热辐射来寻找到这种极其致密的天体是非常困难的，需要具备摆脱大气层影响开展 X 射线观测的能力。这在 20 世纪 60 年代之前是一个无法实现的任务。然而，出乎意料的是，正当 X 射线天文学在 20 世纪 60 年代发轫之际，中子星的发现却率先在射电观测方面取得了突破。正所谓"山重水复疑无路，柳暗花明又一村"。

射电天文学发端于 20 世纪 30 年代，其标志性事件是贝尔公司的工程师 K. G. Jansky 在研究越洋无线电话短波干扰时发现了来自银河系中心的无线电波 [84]。1937 年，G. Reber 在自家院子建造了一架 9.45m 直径的抛物面碟形射电望远镜，重复了 G. Jansky 的工作并开展了第一次射电巡天观测，拉开了射电天文学的大幕 [85]。之后，雷达接收技术在第二次世界大战中获得了长足的发展，并在战后大量应用于射电天文观测，最终进入了以四大天文发现为代表的射电天文学大发展时代。在此背景下，20 世纪 50 年代初期英国剑桥大学的 M. Ryle 和 A. Hewish 使用剑桥干涉仪巡视天空，给出了著名的 2C 和 3C 射电源巡天星表 [86]。射电源的辐射强度常常会出现起伏，A. Hewish 发现这种不规则的起伏首先来自于地球电离层所引起的闪烁，而对于角直径足够小的射电源，闪烁还可能来自于太阳日冕及其延伸到整个行星际空间所导致的太阳风的不均匀性。为了研究这种行星际闪烁现象，A. Hewish 领衔设计和建造了一架针对 3.7m 波长射电波的大型望远镜，非常适合观测一些短时标的微弱射电源。1967 年，A. Hewish 的研究生 J. Bell 便利用这架望远镜开展了日复一日的射电闪烁源观测，其间她意外发现了一个极具规律性的具有 1.33s 周期的脉冲信号 [15]。利用 A. Hewish 开发的周期测量方法，并修正了地球轨道运动的影响，他们发现射电脉冲信号的周期非常稳定，变化率仅为 $\sim 10^{-15} \rm{s \cdot s^{-1}}$，相当于需要经过 3000 万年，脉冲信号的周期才会发生 1s 的改变。图 4.1 展示了目前观测到的绝大部分样本的周期和周期变化率分布情况。此外，脉冲辐射还具有很强的线偏振度，有时候可以达到 100%。这些辐射特征并不能被行星际闪烁所解释，而表现为一种全新的天文现象。人们根据这些信号的特点将它们的辐射源天体命名为**脉冲星 (pulsar)**。脉冲星和星际分子、类星体、宇宙微波背景辐射一起被合称为 20 世纪 60 年代的射电天文学四大发现。

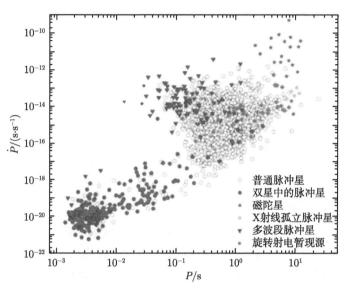

图 4.1 脉冲星的周期和周期变化率。数据来源：ATNF

    1968 年，M. I. Large 等在超新星遗迹船帆座 (Vela) 星云的边缘发现了一颗脉冲星，周期为 0.089s [87]。这一发现表明脉冲星应起源于超新星爆发，因此也充分反映了脉冲星和理论中设想的中子星所具有的内在关联。而该脉冲星之所以跑到了超新星遗迹的边缘，很可能是由于其诞生时获得了很大的自行速度，据此可以估计它的年龄约为 11000 年。同年，D. H. Staelin 和 E. C. Reifenstein 又在蟹状星云 (Crab Nebula) 中发现了一颗脉冲星 (PSR B0531+21) [88]，并在后来测得其周期仅为 0.033s。据宋史记载和荷兰天文学家 J. H. Oort 的考证，该星云正是发生于公元 1054 年 (宋至和元年) 的一次超新星爆发所残留下来的遗迹 [89]。其实早在 1965 年，A. Hewish 就已经看到过这个致密的射电辐射源 [17]，只不过尚未能确定它和中子星的联系。无论如何，脉冲星和超新星遗迹的成协为确认它们的天体物理起源而不是外星人的信号提供了重要的支持，也为确定脉冲星的距离和年龄等提供了参考依据。

    迄今，人们已经观测到了 3000 多颗脉冲星，读者可以从澳大利亚望远镜国家设施 (ATNF) 网站①查找到它们的具体信息 [90]。利用这些数据，我们可以画出它们在天球上的位置分布 (图 4.2)，主要集中在银道面上。这表明脉冲星应是分布于银河系内的天体。

---

① https://www.atnf.csiro.au/research/pulsar/psrcat/。

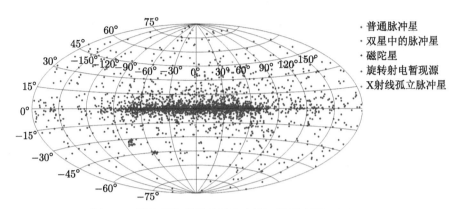

图 4.2　脉冲星位置的全天分布图。数据来源：ATNF

4.1.2　脉冲到达时间

从观测角度而言，所谓脉冲星其实就是一系列依序到达望远镜的脉冲信号。我们可以通过记录每个脉冲的**到达时间 (time of arrival, TOA)** 来搜寻其周期性及可能的周期变化率。不过，在实际的数据处理中，这项工作常常异常复杂，尤其对于一些暗弱的源而言。首先，需要确定平均脉冲轮廓，才能够对每个脉冲标定特征点以确定它的到达时间，从而建立准确的脉冲时间序列。其次，由于地球绕太阳公转，脉冲达到时间会发生年的变化。以脉冲信号到达太阳的时间为标准，当地球处于脉冲星和太阳之间时，脉冲到达时间会超前 8min；相反，当地球距离脉冲星最远时，脉冲到达时间就会落后 8min。简单假设地球公转轨道为圆轨道，轨道时延可以写为

$$t_d = A_E \cos(\omega_E t - \lambda) \cos \beta \tag{4.1}$$

其中，$A_E = 500\text{s}$ 是光从太阳到达地球所需要的时间，ω_E 是地球公转的角速度，β 和 λ 分别为脉冲星的黄纬和黄经。为了消除地球公转的影响，需要把地球上的实际观测时间 t_e 转化为太阳系质心上的时间 t_s：

$$t_s = t_e + \frac{\boldsymbol{r}_e \cdot \boldsymbol{n}}{c} = t_e + \frac{r_e \cos \theta}{c} \tag{4.2}$$

其中，$\boldsymbol{r}_e$ 是地球相对于太阳质心的矢径 (决定于具体的观测日期)，$\boldsymbol{n}$ 是脉冲星所在的方向 (即由脉冲星的 β 和 λ 确定)，θ 是脉冲星和地球相对于太阳系质心的夹角。除了上述这项主要修正外，还需要考虑地球公转的多普勒效应、太阳系质心的长期运动、原子钟的稳定性及其受太阳引力势变化的影响、太阳及其他行星周围弯曲时空所产生的 Shapiro 效应 (见 7.1.3 节) 等多种因素对脉冲到达时间的影

响。除了这些太阳系内部影响脉冲到达时间的因素外，脉冲到达时间中还蕴含着脉冲星本身轨道运动 (当它处于双星系统时) 以及电磁波在星际介质中传播所受影响的信息。鉴于到达时间测量的复杂性，可以想象发现脉冲星的巨大困难。所以，尽管最初发现射电脉冲星看似是一个意外的收获，但如果没有 J. Bell 和 A. Hewish 细致入微的观察和坚毅执着的钻研也是绝无可能的。

在考虑了所有影响脉冲到达时间的因素之后，拟合观测数据所获得的残差被认为是周期噪声。它原则上应该是一种平均值为零的具有高斯分布的随机信号。然而，实际在相当数量脉冲星的时间残差中仍然可以发现长达数年的长周期性，尤其是在一些年轻的脉冲星中，很可能反映了这些星体自身的一些演化规律。有意思的是，具有毫秒周期的脉冲星往往只有很小的周期噪声，可以产生精度很高的到达时间序列，具有跟原子钟相媲美的稳定性。因此，毫秒脉冲星被认为有望作为星际航行自主导航的时间标准[91]。此外，值得一提的是，当有极低频引力波在脉冲星和地球之间传播时，引力波所引起的时空变化也会反映在脉冲到达时间中。这种效应将协同出现在大批脉冲星的到达时间序列中，并且依赖于这些脉冲星具体的方位。因此，对于大量脉冲星尤其是毫秒脉冲星到达时间的精确测量被认为是一种探测极低频引力波的有效途径[92]。

4.1.3 脉冲轮廓和脉冲消零

脉冲星单个脉冲的强度、形状和相位是复杂多变的，很难用它们来直接确定脉冲周期。在实际处理中，往往需要将非常多个单脉冲进行叠加，才能最终显现出脉冲的平均轮廓来，如图 4.3 所示。在 1ms 左右的时间分辨率上，人们常常可以看到单个脉冲会具有 1 ~ 3 个子脉冲结构，它们在辐射窗口中的位置常常是随机的。但是，在一些脉冲星中，子脉冲的位置也会显现出非常有规律的周期性移动，称为**子脉冲漂移 (pulse drift)** 现象。在更高的时间分辨率上，单个脉冲还会显现出几十到数百微秒的微脉冲结构，从中甚至能够发现一些宽频带的准周期性现象。这些脉冲结构为脉冲星的物理属性和辐射机制提供了强烈的限制。

对脉冲到达时间的精确测量发现，在一些脉冲星中会出现**脉冲消零 (nulling)** 的现象，其程度有高有低。如图 4.4 所示，缺失脉冲相对较少的，可以称为**间歇性脉冲星 (intermittent pulsar)**，而对于缺失比例较高的情况，人们专门用**旋转射电暂现源 (rotation radio transient, RRAT)** 这个名词来描述它们[96]。脉冲消零现象的存在，一方面可能是因为这些源的距离太远，限制了对低流量辐射的观测；另一方面，也可能本质上反映了脉冲辐射机制的复杂性。脉冲星的周期还可能出现突然变短及突然变长的现象，英文分别称为 **glitch** 和 **anti-glitch**[95]。周期跃变发生后的恢复过程比较复杂，有些在大概几个星期恢复到原来的状态，有些则只能部分恢复甚至根本不恢复。对这些观测现象的理解，首先取决于对脉冲星物理本质的确定。

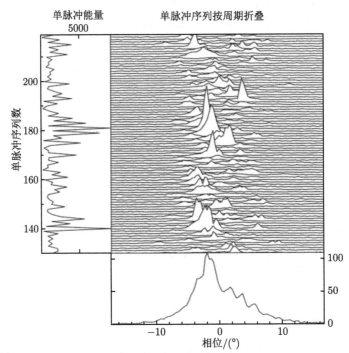

图 4.3   对脉冲星 B0943+10 一列单脉冲序列的折叠 (上) 和平均 (下)，左图给出的是单脉冲
能量在序列中的变化。图源：文献 [93]

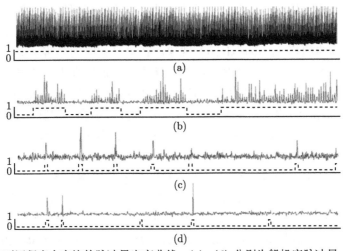

图 4.4   具有不同程度占空比的脉冲星光变曲线，(a)~(d) 分别为船帆座脉冲星、PSR J1646-
6831、PSR J1647-36 和 PSR J1226-32。图源：文献 [94]

对射电脉冲星观测技术和脉冲辐射特征的详细描述，读者可参阅吴鑫基、乔国俊和徐仁新编著的《脉冲星物理》一书[97]。

4.2 电磁波的传播

4.2.1 色散量

在脉冲星和地球之间广袤的星际空间中到处都分布着星际介质，其主要成分是电离了的氢 (局部位置会聚集大量原子氢和分子氢)。因此，当发自于脉冲星的电磁波在穿过这些星际介质后，其所携带的信息中将包含着有关这些星际介质性质的内容，比如色散量和法拉第旋转量。通过这些测量量，我们便能够了解脉冲星的距离及其周围的磁场分布情况。不妨考虑一个具有单一频率的平面电磁波，其电场和磁场分量 $\boldsymbol{E}$ 和 $\boldsymbol{B}$ 均以 $\mathrm{e}^{\mathrm{i}(\boldsymbol{k}\cdot\boldsymbol{r}-\omega t)}$ 形式振荡。当此电磁波在某等离子体介质中传播时，将使等离子体偏离局域电中性而产生净电荷 ρ 及相应的电流 $\boldsymbol{J}$。这些量之间的关系决定于麦克斯韦方程组：

$$
\begin{aligned}
&\nabla \cdot \boldsymbol{D} = 4\pi\rho \\
&\nabla \times \boldsymbol{E} = -\frac{1}{c}\frac{\partial \boldsymbol{B}}{\partial t} \\
&\nabla \cdot \boldsymbol{B} = 0 \\
&\nabla \times \boldsymbol{B} = \frac{4\pi}{c}\boldsymbol{J} + \frac{1}{c}\frac{\partial \boldsymbol{D}}{\partial t}
\end{aligned}
\tag{4.3}
$$

其中，$\boldsymbol{D} = \varepsilon\boldsymbol{E}$ 是电位移矢量，ε 是介电常数，这里因不涉及磁化问题，故对磁场强度和磁感强度不作区分。由于离子的质量远远大于电子，因此我们主要考虑电子位置的振荡，它决定于如下动力学方程：

$$
m_{\mathrm{e}}\frac{\mathrm{d}^2\boldsymbol{r}}{\mathrm{d}t^2} = -e\boldsymbol{E}
\tag{4.4}
$$

其中，$\boldsymbol{r}$ 表示电子在电场作用下发生的位移，e 为电子电量。将此方程和平面波形式相结合 $\left(\text{即 } \dfrac{\partial}{\partial t} = -\mathrm{i}\omega\right)$，可得 $\boldsymbol{r} = \dfrac{e}{\omega^2 m_{\mathrm{e}}}\boldsymbol{E}$。据此可将极化矢量写为

$$
\boldsymbol{P} = -n_{\mathrm{e}}e\boldsymbol{r} = -\frac{n_{\mathrm{e}}e^2}{\omega^2 m_{\mathrm{e}}}\boldsymbol{E}
\tag{4.5}
$$

其中，n_{e} 是等离子体中的电子数密度。

基于式 (4.5)，一方面可以利用极化矢量和电场强度之间的关系 $\boldsymbol{P} = (\varepsilon - 1)\boldsymbol{E}/4\pi$ 给出等离子体的介电常数

$$\varepsilon = 1 - \frac{4\pi n_{\mathrm{e}}e^2}{\omega^2 m_{\mathrm{e}}} = 1 - \frac{\omega_{\mathrm{p}}^2}{\omega^2} \tag{4.6}$$

其中，$\omega_{\mathrm{p}} = (4\pi n_{\mathrm{e}}e^2/m_{\mathrm{e}})^{1/2}$ 称为**等离子体频率 (plasma frequency)**。另一方面，基于麦克斯韦方程组，我们可以得到电场分量所满足的波动方程[①]

$$\nabla \times (\nabla \times \boldsymbol{E}) = -\frac{1}{c}\frac{\partial}{\partial t}(\nabla \times \boldsymbol{B}) = -\frac{1}{c}\frac{\partial}{\partial t}\left(\frac{4\pi}{c}\boldsymbol{J} + \frac{1}{c}\frac{\partial \boldsymbol{D}}{\partial t}\right)$$

$$= -\frac{4\pi}{c^2}\frac{\partial \boldsymbol{J}}{\partial t} - \frac{\varepsilon}{c^2}\frac{\partial^2 \boldsymbol{E}}{\partial t^2} = \nabla(\nabla \cdot \boldsymbol{E}) - \nabla^2 \boldsymbol{E} \tag{4.8}$$

由于 $\boldsymbol{J} = 0$ 和 $\nabla \cdot \boldsymbol{E} = 0$，上式可简化为

$$\nabla^2 \boldsymbol{E} - \frac{\varepsilon}{c^2}\frac{\partial^2 \boldsymbol{E}}{\partial t^2} = 0 \tag{4.9}$$

将平面波代入上述波动方程，我们可进一步得到该平面波在等离子体中传播时所满足的色散关系

$$k^2 = \frac{1}{c^2}\left(1 - \frac{\omega_{\mathrm{p}}^2}{\omega^2}\right)\omega^2 \tag{4.10}$$

据此，我们首先可以得到该电磁波传播的相速度

$$v_{\mathrm{ph}} = \frac{\omega}{k} = \frac{c}{\sqrt{\varepsilon}} \tag{4.11}$$

不过，我们更加关心的是电磁波的群速度，它代表着信息和能量的真正传输，即有

$$v_{\mathrm{g}} = \frac{\partial \omega}{\partial k} = c\sqrt{\varepsilon} = c\left(1 - \frac{\omega_{\mathrm{p}}^2}{\omega^2}\right)^{1/2} \tag{4.12}$$

它高度依赖于频率，频率越低速度越低。对于频率低于等离子体频率的电磁波，实际上完全不能从等离子体中穿过。

---

　① 这里我们把电磁波影响下电荷的移动视为介质的极化。作为另一种视角，我们也可以根据 $\boldsymbol{v} = \dfrac{\mathrm{d}\boldsymbol{r}}{\mathrm{d}t} = \dfrac{e}{\mathrm{i}\omega m_{\mathrm{e}}}\boldsymbol{E}$ 写出电流的表达式

$$\boldsymbol{J} = -n_{\mathrm{e}}e\boldsymbol{v} = -\frac{n_{\mathrm{e}}e^2}{\mathrm{i}\omega m_{\mathrm{e}}}\boldsymbol{E} \tag{4.7}$$

将上式代入麦克斯韦方程组并认为 $\varepsilon = 1$，可以得到与式 (4.9) 相同的结果。两种处理方式是等效的，但不能同时混用。

鉴于速度对频率的依赖，从同一辐射源同时发出的不同频率电磁波在经过介质传播后将在观测者处具有明显不同的到达时间 (图 4.5)，称之为**色散 (dispersion)**。对于 $\omega \gg \omega_\mathrm{p}$ 的情况，我们有

$$v_\mathrm{g} \approx c \left(1 - \frac{1}{2} \frac{\omega_\mathrm{p}^2}{\omega^2} \right) \tag{4.13}$$

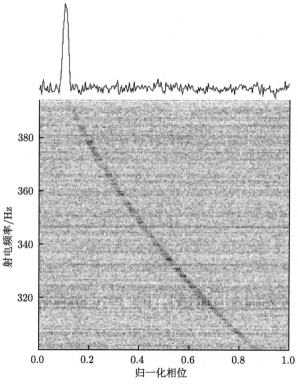

图 4.5　射电脉冲信号的色散。图源：文献 [98]

因此，当两列频率分别为 ν_1 和 ν_2 的电磁波在等离子体中运动 δl 的距离后，其产生的时间差为

$$
\begin{aligned}
\delta t &= \delta l \left(\frac{1}{v_1} - \frac{1}{v_2} \right) = \frac{\delta l}{c} \left[\left(1 + \frac{1}{2} \frac{\omega_\mathrm{p}^2}{\omega_1^2} \right) - \left(1 + \frac{1}{2} \frac{\omega_\mathrm{p}^2}{\omega_2^2} \right) \right] \\
&= \frac{\omega_\mathrm{p}^2}{8\pi^2 c} \left(\frac{1}{\nu_1^2} - \frac{1}{\nu_2^2} \right) \delta l
\end{aligned}
\tag{4.14}
$$

因此，对于距离为 d 的脉冲星而言，其不同频率信号间总的到达时间差为

$$\Delta t = \frac{e^2}{2\pi m_e c} \left(\frac{1}{\nu_1^2} - \frac{1}{\nu_2^2} \right) \int_0^d n_e \mathrm{d}l \tag{4.15}$$

根据上式,可以定义电磁波传播所经过路径上自由电子的柱密度为**色散量 (dispersion measure)**

$$\mathrm{DM} = \int_0^d n_e \mathrm{d}l \tag{4.16}$$

以描述电磁波信号可发生色散程度的大小 (通常以 $\mathrm{pc \cdot cm^{-3}}$ 为单位)。因此,反过来,在大体知道介质密度分布的情况下,我们常常可以利用色散量来推断辐射源的距离。不过,色散的存在也可能使得脉冲信号的周期性变得模糊,不利于脉冲星的发现。因此,对于实际的射电观测数据,我们需要首先进行消色散处理,当然这也是一个对色散量的测量过程。

4.2.2 法拉第旋量

当等离子体介质中还具有弥漫的磁场成分时,电磁波的传播速度将不仅依赖于频率,还依赖于电磁场分量的方向 (即偏振方向)。当电磁波沿着磁场方向传播时,在电场分量的作用下电子将出现垂直于磁场的运动,因而会受到切向的洛伦兹力,使电子运动发生偏转。这种运动将反过来改变电磁波的偏振方向。设一沿 e_3 方向传播的具有左旋 (观测者所见逆时针方向) 圆偏振性的电磁波,其电场分量的时间演化为

$$\boldsymbol{E} = E e^{-\mathrm{i}\omega t}(\boldsymbol{e}_1 + \mathrm{i}\boldsymbol{e}_2) \tag{4.17}$$

将上式中的 "$+$" 号改为 "$-$" 即为右旋偏振光。考虑电子的运动主要仍受电磁波的控制,借鉴式 (4.5),我们认为在稳定状态下电子的位移和电场之间仍然满足正比关系 $\boldsymbol{r} = C\boldsymbol{E}$,其比例系数决定于如下动力学方程:

$$m_e \frac{\mathrm{d}^2 \boldsymbol{r}}{\mathrm{d}t^2} = -e\boldsymbol{E} - \frac{e}{c} \frac{\mathrm{d}\boldsymbol{r}}{\mathrm{d}t} \times \boldsymbol{B}_0 \tag{4.18}$$

考虑沿着电磁波传播方向的背景磁场,即 $\boldsymbol{B}_0 = B_0 \boldsymbol{e}_3$,可以有

$$-\omega^2 m_e C E(\boldsymbol{e}_1 + \mathrm{i}\boldsymbol{e}_2) = -eE(\boldsymbol{e}_1 + \mathrm{i}\boldsymbol{e}_2) + \mathrm{i}\omega \frac{e}{c} B_0 C E(\boldsymbol{e}_1 + \mathrm{i}\boldsymbol{e}_2) \times \boldsymbol{e}_3$$

$$= -eE(\boldsymbol{e}_1 + \mathrm{i}\boldsymbol{e}_2) + \omega \frac{e}{c} B_0 C E(-\mathrm{i}\boldsymbol{e}_2 - \boldsymbol{e}_1) \tag{4.19}$$

整理上式可得

$$C = \frac{e}{\omega^2 m_e - \omega e B_0/c} = \frac{e}{\omega(\omega - \omega_\mathrm{L})m_e} \tag{4.20}$$

其中, $\omega_L = eB_0/m_e c$ 是电子在磁场中的回旋频率, 即**拉莫尔频率 (Larmor frequency)**。因此, 根据 $r \propto E$, 我们可以写出该偏振电磁波在等离子体介质中的等效介电常数及相应的电磁波群速度分别为

$$\varepsilon = 1 - \frac{4\pi n_e e^2}{\omega(\omega \pm \omega_L)m_e} \tag{4.21}$$

$$v_g \approx c\sqrt{\varepsilon} = c\left[1 - \frac{\omega_p^2}{\omega(\omega \pm \omega_L)}\right]^{1/2} \tag{4.22}$$

式中的 $+$ 和 $-$ 号分别对应右旋和左旋偏振的情况。

由于相同频率的左旋、右旋偏振光在等离子体中具有不同的传播速度,因此它们在传播过程中相位随时间的变化将有所不同, 相位变化决定于 $\phi = \int k\mathrm{d}l - \omega t$。因此,对于线偏振光而言,它作为右旋、左旋偏振光的合成光,在通过等离子体介质的时候其偏振方向会发生改变,这种效应称为**法拉第旋转 (Faraday rotation)**。具体而言,当速度较快的右旋光到达的时候,相应的左旋光没能跟上来,因此导致电矢量右转 (即顺时针方向), 偏振角发生改变的量决定于 (图 4.6)

$$
\begin{aligned}
\Delta\theta &= \frac{\phi_R - \phi_L}{2} = \frac{1}{2}\int_0^d (k_R - k_L)\,\mathrm{d}l \\
&= \frac{\omega}{2c}\int_0^d \left\{\left[1 - \frac{\omega_p^2}{\omega(\omega + \omega_L)}\right]^{1/2} - \left[1 - \frac{\omega_p^2}{\omega(\omega - \omega_L)}\right]^{1/2}\right\}\mathrm{d}l \\
&\approx \frac{1}{4c}\int_0^d \left(\frac{\omega_p^2}{\omega - \omega_L} - \frac{\omega_p^2}{\omega + \omega_L}\right)\mathrm{d}l \\
&\approx \frac{1}{2\omega^2 c}\int_0^d \omega_p^2 \omega_L \mathrm{d}l
\end{aligned}
\tag{4.23}
$$

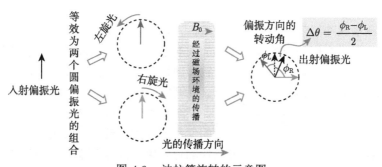

图 4.6 法拉第旋转的示意图

上述推导中使用了 $\omega \gg \omega_p$ 和 $\omega \gg \omega_L$ 的近似条件。此外，如前文推导中所示，对偏振方向产生影响的主要是沿着传播方向 (也即视线方向) 的磁场，故上式可进一步写为

$$\Delta\theta = \frac{2\pi e^3}{\omega^2 m_e^2 c^2} \int_0^d n_e B_{||} \mathrm{d}l = \frac{\lambda^2 e^3}{2\pi m_e^2 c^4} \int_0^d n_e B_{||} \mathrm{d}l \tag{4.24}$$

其中，$\lambda = 2\pi c/\omega$ 是电磁波的波长。通常，人们定义 $\Delta\theta = \mathrm{RM}\,\lambda^2$，其中

$$\mathrm{RM} = \frac{e^3}{2\pi m_e^2 c^4} \int_0^d n_e B_{||} \mathrm{d}l \tag{4.25}$$

称为**法拉第旋量 (Faraday rotation measure)**。将旋量和色散量相结合，可以知道电磁波传播路径上的视线方向平均磁场强度。目前观测得到的脉冲星法拉第旋量和色散量的联合分布情况如图 4.7 所示。

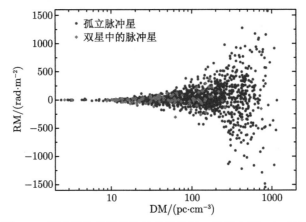

图 4.7　脉冲星的色散量和法拉第旋量。数据来源：ATNF

4.3　灯塔模型

通过测量脉冲星射电辐射的色散量，人们得以确定它们源头的距离，大约为几万光年，表明它们是一种前所未知的银河系内天体。脉冲星最显著的特征便是它们的辐射周期性，是人们确定它们物理属性的关键依据，原则上可能有很多理论解释，比如双星系统的轨道运动，天体的脉动或者自转等。但是，考虑到脉冲星的脉冲周期常常介于亚秒到秒的量级，甚至有时候可以短至数毫秒，我们就可以排除绝大多数的可能性，而最有可能的便是天体的自转。自转模型要求脉冲星可以通过某种机制发射出具有很强方向性的辐射束，当辐射束扫过地球的时候，便可以观测到脉冲。这非常类似于海上的灯塔，所以一般被称作灯塔模型 [18]。相比

于脉动模型，灯塔模型或许也有助于解释脉冲辐射的各种子结构、子脉冲漂移、周期跃变等观测现象。

在灯塔模型下，脉冲星短至毫秒的周期对于一般的天体自转来讲几乎是不太可能的，因为这么快的自转必然导致极大离心力而使天体瓦解。脉冲星能够保持如此高速的自转必然意味着它们的自束缚引力极其强大，至少应该满足如下条件

$$\frac{GM}{R^2} > \Omega^2 R \sim \left(\frac{2\pi}{P}\right)^2 R \tag{4.26}$$

其中，M 和 R 是该天体的质量和半径，Ω 和 P 分别为自转角频率和自转周期。于是，我们可以知道，该类天体的平均密度应满足

$$\rho = \frac{3M}{4\pi R^3} > \frac{3\pi}{GP^2} \sim 5.6 \times 10^8 P_{-0.3}^2 \ \mathrm{g \cdot cm^{-3}} \tag{4.27}$$

这一密度要求已远远高于白矮星的密度。如果还考虑到脉冲星的周期最短可达毫秒量级，则其密度更应高达 $\sim 10^{15} \mathrm{g \cdot cm^{-3}}$。因此，脉冲星的物理属性只可能是理论上所预言的中子星或者黑洞。不过，对于黑洞而言，尽管引力是足够了，但它很难解释观测到的高强度、周期性的射电脉冲辐射。因为一方面，黑洞本身并不应该具有这么明显的辐射特性，而另一方面，即使黑洞周围的吸积盘可能发出辐射，但也基本不可能保持如此稳定的周期。综上所述，中子星是脉冲星唯一合理的理论解释 [99]。天文学家孜孜以求的中子星就这样被无意发现了。因此，在当前的很多文献中，脉冲星和中子星这两个名词常常会混用表示同样的对象。虽然严格说来前者主要从观测角度着眼而后者则主要基于理论模型的立场，但很多时候一些约定俗成的表达方式也并不会细究这种区别 (请读者在阅读本书时知悉这一情况)。

在恒星核心坍缩形成中子星的过程中，由于角动量守恒，不难想象新诞生的中子星将具有非常快速的自转频率

$$\Omega \approx \Omega_{\mathrm{core}} \left(\frac{R_{\mathrm{core}}}{R}\right)^2 \sim 10^{10} \Omega_{\mathrm{core}} \tag{4.28}$$

其中，Ω_{core} 和 R_{core} 是前身星核心的自转角频率和半径，上述估计中取 $R_{\mathrm{core}} \sim 10^{11} \mathrm{cm}$ 和 $R \sim 10^6 \mathrm{cm}$。因此，中子星处于高速旋转的状态是一件比较自然的事情。脉冲星的脉冲周期虽然极为稳定，但是经过精密的测量，人们仍然发现它具有极为缓慢的增长，其典型增长率为 $10^{-15} \mathrm{s \cdot s^{-1}}$。在灯塔模型下，这就意味着星体的自转变慢了，损失了一部分的自转能 ($E_{\mathrm{rot}} = \frac{1}{2} I \Omega^2$)，其能量损失率可以估计为

$$\dot{E}_{\mathrm{rot}} = I \Omega \dot{\Omega} = -4\pi^2 I \frac{\dot{P}}{P^3}$$

$$= -3 \times 10^{32} I_{45} \dot{P}_{-15} P^3_{-0.3} \mathrm{erg} \cdot \mathrm{s}^{-1} \tag{4.29}$$

其中

$$I = \int_{-R}^{R} \left(\int_0^{\sqrt{R^2-z^2}} \rho r^2 2\pi r \mathrm{d}r \right) \mathrm{d}z$$

$$\sim \pi\rho \int_0^R (R^2 - z^2)^2 \mathrm{d}z = \frac{8\pi\rho R^5}{15} = \frac{2MR^2}{5} \tag{4.30}$$

是脉冲星的转动惯量。

　　可以看到，尽管脉冲星的周期变化并不大，但它所对应的自转能损率却不小，可以很大程度上超过一般中子星表面热辐射的总光度。这些旋转能是如何损失的？其去向又在哪里？它还可能带来哪些后续的效应？对这些问题的回答便成了理解脉冲星辐射机制的首要任务。作为一般化的唯象考虑，我们不妨引入**制动指数 (braking index)** n 来描述脉冲星的自转减慢过程

$$\frac{\mathrm{d}\Omega}{\mathrm{d}t} \propto -\Omega^n \tag{4.31}$$

当观测上可以对脉冲星周期变化的二阶导做出测量时，我们就可以得到制动指数的具体数值：

$$n = \frac{\ddot{\Omega}\Omega}{\dot{\Omega}^2} = 2 - \frac{P\ddot{P}}{\dot{P}^2} \tag{4.32}$$

由此可以为揭示具体的制动机制提供重要线索。记脉冲星的初始旋转频率为 Ω_i，则其演化到 Ω 的时间可由式 (4.31) 解得

$$t = -\frac{\Omega}{(n-1)\dot{\Omega}} \left[1 - \left(\frac{\Omega}{\Omega_i} \right)^{n-1} \right] \tag{4.33}$$

据此，在 $n > 1$ 且 $\Omega_i \gg \Omega$ 的情况下，我们可以利用观测量给出脉冲星的**特征年龄 (characteristic age)**

$$\tau = -\frac{1}{n-1}\frac{\Omega}{\dot{\Omega}} = \frac{1}{n-1}\frac{P}{\dot{P}} \tag{4.34}$$

4.4　多波段辐射

　　除了最先发现的**射电脉冲星**外，目前人们也已在其他所有电磁波段发现了脉冲星。图 4.8 和图 4.9 分别展示了七颗脉冲星的多波段光变曲线和能谱[①]。

---

　　① 这七颗脉冲星是自转供能的，所以它们尽管也具有 X 射线辐射，但一般不被称为 X 射线脉冲星。X 射线脉冲星一般指代由吸积供能导致辐射的情况。但是，伽马射线辐射一般又都与自转减慢有关。

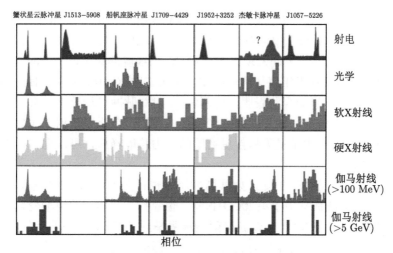

图 4.8 七颗脉冲星的多波段光变曲线。图源：文献 [100]

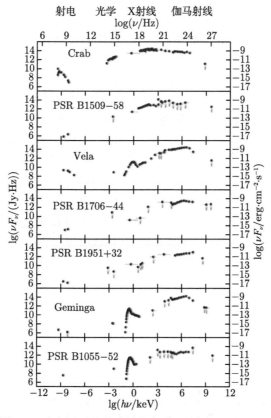

图 4.9 七颗脉冲星的多波段能谱。图源：文献 [101]

　　1970 年，美国国家航空航天局 (NASA) 发射了自由号 (Uhuru) X 射线天文卫星，开启了 X 射线天文学的新时代。基于该卫星的观测，R. Giacconi 等在 1971 年初便从半人马座方向发现了第一颗 **X 射线脉冲星** Centaurus X-3，周期为 4.84s [26]。随后又在当年底从武仙座发现了第二颗 X 射线脉冲星 Hercules X-1，周期为 1.24s。进一步的观测表明，这两颗 X 射线脉冲星均处于具有天量级轨道周期的密近双星系统中，这是理解它们特殊属性的一个重要依据。比如，它们的辐射能量主要来自于中子星吸积伴星物质的引力势能释放，可以远大于中子星本身的自转能损。

　　当然，迄今发现的数百颗 X 射线脉冲星中也存在大量孤立的单星。这既包括一些暗弱的 X 射线孤立中子星 (**XDINS**)，也包括一些明亮的周期变化很快的**反常 X 射线脉冲星 (AXP)** 和软伽马射线重复暴源 (**SGR**)。后两者的 X 射线辐射光度超过了星体的自转能损而被认为来自于磁能的耗散。它们的物理本质应该就是 R. C. Duncan 和 C. Thompson 在理论上提出的**磁陀星 (magnetar)** [29]①，有关介绍详见第 8 章。

　　还有一些 X 射线源由钱德拉 X 射线望远镜发现于一些超新星遗迹的中心附近，它们只在少数情况下被测到周期性，而大多数时候没有 X 射线脉冲辐射并且还是完全射电宁静的。这类天体被称为**中心致密天体 (CCO)**。鉴于它们和超新星遗迹的关联性，人们相信它们也应该是中子星，其 X 射线辐射弱的原因很可能是它们的磁场特别弱 [102]。但即使这样，它们的 X 射线辐射光度仍然可能超过星体的自转能损，因而被称为**"反磁陀星"(anti-magnetar)**。无论如何，如果这种脉冲缺失严重的中子星大量存在 (从观测选择效应的角度来看，这种可能性很大)，那么将大大改变人们对银河系内脉冲星数量及相关超新星爆发率的估计。

　　最后，同样从 20 世纪 70 年代开始，人们发现蟹状星云和船帆座脉冲星还能发射伽马射线脉冲 [103,104]，显现出脉冲辐射的全波段性质，尽管并不总是如此。2008 年，费米伽马射线望远镜上天后，**伽马射线脉冲星**的发现数目得到了快速提升，已达到了数百颗 [105]。它们有时候是射电噪的，但也有一些是射电宁静的。这些复杂的多波段行为为限制脉冲星辐射机制提供了重要的帮助。尤其是对于蟹状星云脉冲星，人们迄今已在几乎所有电磁波段对它开展了深度的观测，使它成为宇宙中最重要的观测参考源。

---

　　① 在以往的文献中，magnetar 通常被翻译为磁星。但是，因为"磁星"一词实际上已被用于指代高度磁化的恒星 (magnetic star)，所以为了加强区别，天文学名词审定委员会建议将 magnetar 的正式中文翻译定为磁陀星。

第 5 章　脉冲星电动力学

5.1　磁偶极辐射

5.1.1　磁偶极场

在没有外界干扰的情况下，一颗孤立的中子星可能通过哪些方式损失它的自转能？一种可能是，能量并没有离开星体，而是在内部发生了转化，这就需要其具有内部的力矩。比如，如果中子星的自转是不均匀的 (称为较差旋转)，则不同的层之间就会发生相互摩擦，将速度差所代表的那部分动能耗散掉，转化为内能。不过，这个过程只会使星体的旋转变得均匀，而不会使其整体的自转变慢。中子星整体的自转减慢更可能是通过向外辐射电磁波或引力波，由辐射的反作用外力矩所导致。引力波辐射要求中子星应具有比较显著的非轴对称性，但这一点并不容易从脉冲星观测角度加以判断 (我们将在第 9 章讨论这个问题)。相比之下，电磁波的辐射似乎更容易发生，因为由等离子体所组成的天体必然带有一定的磁场。考虑到作为良导体的等离子体的磁冻结效应和恒星核心坍缩过程中的磁通守恒，我们可以粗略估计中子星内部的磁场强度约为 [106]

$$B \sim B_{\text{core}} \left(\frac{R_{\text{cor}}}{R} \right)^2 \sim 10^{10} B_{\text{core}} \tag{5.1}$$

其中，$R_{\text{core}} \sim 10^{11}$cm 和 $B_{\text{core}} \sim 1$G 分别是恒星核心在坍缩前的半径和磁场强度，$R \sim 10^6$cm 和 B 则是中子星的对应量。再考虑到星体内部的发电机效应，中子星实际的磁场强度可能会更高。如此高强度的磁场加上极快速的旋转，无疑将使得中子星成为一个很自然的电磁波辐射源 [19,99]。

依据我们对恒星磁场的认识 (如图 5.1(a) 的太阳日冕照片所示)，我们不妨认为中子星的磁场也主要具有偶极场的结构，下面来讨论这种场的数学描述。考虑一个具有磁偶极矩 M 且均匀磁化的球体，记其内外磁标势分别为 $\Phi_{\text{m}}^{\text{in}}$ 和 $\Phi_{\text{m}}^{\text{out}}$，它们将满足如下静磁场方程

$$\nabla^2 \Phi_{\text{m}}^{\text{in}} = 0, \quad \nabla^2 \Phi_{\text{m}}^{\text{out}} = 0 \tag{5.2}$$

及中子星表面的连接条件

$$\Phi_{\text{m}}^{\text{in}}\big|_{r=R} = \Phi_{\text{m}}^{\text{out}}\big|_{r=R} \tag{5.3}$$

$$\frac{\partial \Phi_{\mathrm{m}}^{\mathrm{out}}}{\partial n} - \frac{\partial \Phi_{\mathrm{m}}^{\mathrm{in}}}{\partial n} = -4\pi \boldsymbol{e}_n \cdot \boldsymbol{m} \tag{5.4}$$

其中，$\boldsymbol{e}_n$ 为径向基矢，$\boldsymbol{m} = \boldsymbol{M} \Big/ \left(\dfrac{4}{3}\pi R^3\right)$ 为星体的磁化强度 (即单位体积磁矩)。在轴对称情况下，磁标势方程的通解形式为

$$\Phi_{\mathrm{m}}^{\mathrm{in}} = \sum_l a_l r^l P_l\left(\cos\theta\right) \tag{5.5}$$

$$\Phi_{\mathrm{m}}^{\mathrm{out}} = \sum_l b_l r^{-l-1} P_l\left(\cos\theta\right) \tag{5.6}$$

其中，$P_l\left(\cos\theta\right)$ 是勒让德多项式。利用 $r = 0$ 时 $\Phi_{\mathrm{m}}^{\mathrm{in}}$ 有限和 $r \to \infty$ 时 $\Phi_{\mathrm{m}}^{\mathrm{out}} \to 0$ 的边界条件及 (5.3)、(5.4) 两式中的连接条件，我们可以确定通解中的系数，从而得到

$$\Phi_{\mathrm{m}}^{\mathrm{in}} = \frac{Mr\cos\theta}{R^3} = \frac{\boldsymbol{M} \cdot \boldsymbol{r}}{R^3} \tag{5.7}$$

$$\Phi_{\mathrm{m}}^{\mathrm{out}} = \frac{M\cos\theta}{r^2} = \frac{\boldsymbol{M} \cdot \boldsymbol{r}}{r^3} \tag{5.8}$$

于是，可以进一步写出中子星内外磁场强度[①]的表达式为

$$\boldsymbol{B}^{\mathrm{in}} = -\nabla \Phi_{\mathrm{m}}^{\mathrm{in}} + 4\pi \boldsymbol{m} = \frac{2\boldsymbol{M}}{R^3} \tag{5.9}$$

$$\boldsymbol{B}^{\mathrm{out}} = -\nabla \Phi_{\mathrm{m}}^{\mathrm{out}} = \frac{2M\cos\theta}{r^3}\boldsymbol{e}_r + \frac{M\sin\theta}{r^3}\boldsymbol{e}_\theta \tag{5.10}$$

图 5.1(b) 显示了 (5.9) 和 (5.10) 两式所描述的偶极磁场的直观结构，可见它和实际观测到的太阳日冕磁场结构具有总体上的相似性，在外表面上的磁场强度分布较为均匀。具体来说，表面磁场强度在两极处达到最大值 $B_{\mathrm{p}} = 2M/R^3$，在赤道处达到最小值 $B_{\mathrm{e}} = M/R^3$。因此，式 (5.10) 也常写作

$$\boldsymbol{B}^{\mathrm{out}} = \frac{B_{\mathrm{p}}R^3}{r^3}\left(\cos\theta\boldsymbol{e}_r + \frac{1}{2}\sin\theta\boldsymbol{e}_\theta\right) \tag{5.11}$$

而文献中一般采用

$$M = \frac{1}{2}B_{\mathrm{p}}R^3 \tag{5.12}$$

和

---

① 严格说来此处的 $\boldsymbol{B}$ 应为磁感强度，但因后续的讨论中不再涉及磁化问题，所以本书不做区分而称其为磁场强度。

$$B(r) \sim B_{\mathrm{p}} \left(\frac{r}{R}\right)^{-3} \tag{5.13}$$

两式来描述中子星的**磁矩 (magnetic moment)** 及其外部磁场强度随半径的衰减。当然，也如日冕照片所显示的，人们相信中子星表面局部位置及其内部的实际磁场结构仍然可能会比偶极场复杂很多。

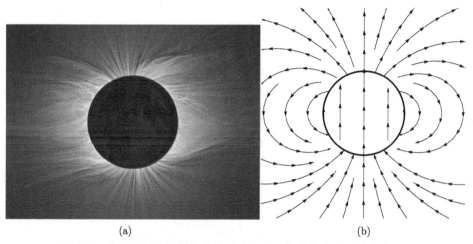

(a)   (b)

图 5.1   太阳日冕中的磁力线结构 (a) 和均匀磁化球的偶极磁场 (b)

5.1.2   辐射光度

对旋转磁偶极子电磁辐射的计算是经典电动力学讨论的内容。首先可以从麦克斯韦方程组出发得到描述电势 Φ 和磁矢势 $\boldsymbol{A}$ 的达朗贝尔方程，从而得到描述电磁场的推迟势[65]

$$\Phi\left(\boldsymbol{x}, t\right) = \int \frac{\rho_f\left(\boldsymbol{x}', t - \tilde{r}/c\right)}{\tilde{r}} \mathrm{d}V' \tag{5.14}$$

$$\boldsymbol{A}\left(\boldsymbol{x}, t\right) = \frac{1}{c} \int \frac{\boldsymbol{J}_f\left(\boldsymbol{x}', t - \tilde{r}/c\right)}{\tilde{r}} \mathrm{d}V' \tag{5.15}$$

其中，$\boldsymbol{x}'$ 和 $\boldsymbol{x}$ 分别代表源点和场点的坐标，$\tilde{r} = |\boldsymbol{x} - \boldsymbol{x}'|$，$\rho_f$ 和 $\boldsymbol{J}_f$ 分别为辐射源的电荷密度和电流密度。中子星内部不含净电荷，因此不需要考虑电势的问题。由于磁矩只有转动，并无平动，因此如电流密度等星体内含时物理量的时间依赖关系可以表示为 $f(t) = f(0)\mathrm{e}^{-\mathrm{i}\Omega t}$，其中 Ω 为中子星的自转角频率。因为场点和源点之间的距离基本不含时，所以还可以进一步发现场点 $\boldsymbol{x}$ 处的磁矢势也具有相同的时间依赖关系，即

$$\boldsymbol{A}\left(\boldsymbol{x}, t\right) = \frac{1}{c} \int \frac{\boldsymbol{J}_f\left(\boldsymbol{x}'\right) \mathrm{e}^{-\mathrm{i}\Omega\left(t - \frac{\tilde{r}}{c}\right)}}{\tilde{r}} \mathrm{d}V'$$

$$= \frac{1}{c} \int \frac{\boldsymbol{J}_f\left(\boldsymbol{x}'\right) \mathrm{e}^{\mathrm{i}k\tilde{r}}}{\tilde{r}} \mathrm{d}V' \mathrm{e}^{-\mathrm{i}\Omega t} = \boldsymbol{A}\left(\boldsymbol{x}\right) \mathrm{e}^{-\mathrm{i}\Omega t} \tag{5.16}$$

其中，$k = \Omega/c$ 为电磁波波数。

记场点到坐标原点 (不妨取在中子星中心) 的距离为 $r = |\boldsymbol{x}|$，再将相关场点的计算作如下多项式展开：

$$\frac{\boldsymbol{J}\mathrm{e}^{\mathrm{i}k\tilde{r}}}{\tilde{r}} \approx \frac{\boldsymbol{J}\mathrm{e}^{\mathrm{i}kr}}{r} - \boldsymbol{x}' \cdot \nabla \frac{\boldsymbol{J}\mathrm{e}^{\mathrm{i}kr}}{r} + \frac{1}{2}(\boldsymbol{x}' \cdot \nabla)^2 \frac{\boldsymbol{J}\mathrm{e}^{\mathrm{i}kr}}{r} + \cdots \tag{5.17}$$

上式的含义是，先把星体内所有的物理 "荷" (电荷、电流等) 都放在原点上 (零级项)，然后把这些 "荷" 偏离原点的效应归结到高阶项上。我们的计算只需保留到一阶项，并有

$$\nabla \frac{\boldsymbol{J}\mathrm{e}^{\mathrm{i}kr}}{r} = \boldsymbol{J}\mathrm{e}^{\mathrm{i}kr} \nabla \frac{1}{r} + \frac{\mathrm{i}k\boldsymbol{J}\mathrm{e}^{\mathrm{i}kr}}{r} \boldsymbol{e}_r \tag{5.18}$$

其中右边第一项在远场情况下 ($r \gg k^{-1}$) 可进一步忽略。于是，将 (5.17) 和 (5.18) 两式代入式 (5.16)，可得

$$\boldsymbol{A}(\boldsymbol{x}) \approx \frac{\mathrm{e}^{\mathrm{i}kr}}{cr} \int \boldsymbol{J}_f(\boldsymbol{x}') \mathrm{d}V' - \frac{\mathrm{i}k\mathrm{e}^{\mathrm{i}kr}}{cr} \int \boldsymbol{J}_f\left(\boldsymbol{x}'\right)\left(\boldsymbol{e}_r \cdot \boldsymbol{x}'\right) \mathrm{d}V' \tag{5.19}$$

根据 $\nabla \cdot \boldsymbol{J}_f + \partial\rho/\partial t = 0$ 可以证明 $\int \boldsymbol{J}_f \mathrm{d}V' = \dot{\boldsymbol{p}}$，其中 $\boldsymbol{p}$ 为星体的电偶极矩。对于中子星而言，此项为零。而对于 $\boldsymbol{J}_f\left(\boldsymbol{x}'\right)\left(\boldsymbol{e}_r \cdot \boldsymbol{x}'\right)$ 这个矢量，我们不妨把它改写为

$$\frac{1}{2} \left[\left(\boldsymbol{e}_r \cdot \boldsymbol{x}'\right) \boldsymbol{J}_f + \left(\boldsymbol{e}_r \cdot \boldsymbol{J}_f\right) \boldsymbol{x}'\right] + \frac{1}{2} \left[\left(\boldsymbol{e}_r \cdot \boldsymbol{x}'\right) \boldsymbol{J}_f - \left(\boldsymbol{e}_r \cdot \boldsymbol{J}_f\right) \boldsymbol{x}'\right] \tag{5.20}$$

对上述第一项的积分结果为 $\frac{1}{6}\boldsymbol{e}_r \cdot \mathbb{D}$，其中并矢 $\mathbb{D} = \int 3\rho_e \boldsymbol{x}' \boldsymbol{x}' \mathrm{d}V'$ 是星体的电四极矩。同样，由于星体不具有显著的电荷分布，此项为零。而对于第二项，可以进一步改写为 $-\frac{1}{2}\boldsymbol{e}_r \times \left(\boldsymbol{x}' \times \boldsymbol{J}_f\right)$，它的积分结果为 $-\boldsymbol{e}_r \times \boldsymbol{M}c$，其中磁偶极矩的定义式为 $\boldsymbol{M} = \frac{1}{2c} \int \left(\boldsymbol{x}' \times \boldsymbol{J}_f\right) \mathrm{d}V'$。因此，式 (5.16) 可最终改写为

$$\boldsymbol{A}\left(\boldsymbol{x}, t\right) = \frac{\mathrm{i}k}{r} \left(\boldsymbol{e}_r \times \boldsymbol{M}\right) \mathrm{e}^{-\mathrm{i}(\Omega t - kr)} \tag{5.21}$$

利用得到的磁矢势，我们可以得到任意场点的磁场强度

$$\boldsymbol{B} = \nabla \times \boldsymbol{A} = \mathrm{i}k\boldsymbol{e}_r \times \boldsymbol{A}$$

$$= \frac{k^2}{r} \left(\boldsymbol{e}_r \times \boldsymbol{M} \right) \times \boldsymbol{e}_r = \frac{1}{rc^2} \left(\ddot{\boldsymbol{M}}_{\mathrm{ret}} \times \boldsymbol{e}_r \right) \times \boldsymbol{e}_r \tag{5.22}$$

和电场强度

$$\boldsymbol{E} = \boldsymbol{B} \times \boldsymbol{e}_r = -\frac{1}{rc^2} \left(\ddot{\boldsymbol{M}}_{\mathrm{ret}} \times \boldsymbol{e}_r \right) \tag{5.23}$$

其中使用了 $kc = \Omega$ 和 $\mathrm{i}\Omega = \partial/\partial t$ 的变换, 脚标 "ret" 表示相位推迟的意思。据此, 我们可以给出中子星**磁偶极辐射 (magnetic dipole radiation)** 的电磁波能流密度

$$\boldsymbol{S} = \frac{c}{4\pi} \boldsymbol{E} \times \boldsymbol{B} = \frac{1}{4\pi r^2 c^3} \left| \ddot{\boldsymbol{M}}_{\mathrm{ret}} \right|^2 \sin^2 \vartheta \boldsymbol{e}_r \tag{5.24}$$

和总功率

$$L_{\mathrm{md}} = 2\pi \int \boldsymbol{S} \cdot \boldsymbol{e}_r r^2 \sin \vartheta \mathrm{d}\vartheta = \frac{2}{3c^3} \left| \ddot{\boldsymbol{M}} \right|^2 \tag{5.25}$$

这里 ϑ 角定义为径向相对于磁矩的夹角。上式表明, 中子星的磁矩必须随时间变化, 方能发出电磁辐射。旋转虽不能改变磁矩的大小, 但是可以改变磁矩的方向 (如果磁矩方向与旋转方向不重合)。虽然磁矩的方向总是在发生变化, 但上式的结论保持不变。磁矩方向的改变和时间推迟效应只会影响电磁场的空间分布, 而不会影响总的输出功率。

记中子星旋转轴和磁轴的夹角为 χ (称为磁倾角), 随时间变化的是垂直于旋转轴的磁轴分量, 因此磁矩对时间的依赖关系可以写为

$$\boldsymbol{M} = \frac{1}{2} B_{\mathrm{p}} R^3 \left(\boldsymbol{e}_\parallel \cos \chi + \boldsymbol{e}_\perp \sin \chi \sin \Omega t + \boldsymbol{e}_\perp \sin \chi \cos \Omega t \right) \tag{5.26}$$

据此, 我们可以将中子星磁偶极辐射的光度也即中子星自转能的损失率表示为

$$L_{\mathrm{md}} = \frac{2}{3c^3} \left| \ddot{\boldsymbol{M}} \right|^2$$
$$= \frac{1}{6c^3} B_{\mathrm{p}}^2 R^6 \Omega^4 \sin^2 \chi \approx 10^{32} \, B_{\mathrm{p},12}^2 R_6^6 P_{-0.3}^{-4} \, \mathrm{erg} \cdot \mathrm{s}^{-1} \tag{5.27}$$

其中 $P = 2\pi/\Omega$ 是中子星的自转周期, 估值时取 $\sin^2 \chi \sim 1$ (中子星实际的能量输出并不会如此敏感地依赖于磁倾角, 见式 (5.56))。将上式与式 (4.29) 相比较, 可以发现, 只要中子星的磁场强度达到 $\sim 10^{12}\mathrm{G}$ 的量级, 其磁偶极辐射就可以为脉冲星的自转减慢提供非常合理的解释。这成了目前最普遍接受的主流模型。需要注意的是, 磁偶极辐射的电磁波频率完全决定于星体的自转频率, 而远远低于射电频率 ($\sim 30\mathrm{MHz} \sim 300\mathrm{GHz}$)。此外, 图 5.2 显示磁偶极辐射能流密度的空间分布总体上各向异性程度不高, 并不会集中在一个锥形区域内, 因此不可能导致快

速变化的脉冲辐射。所以，中子星的磁偶极辐射并不是射电脉冲辐射的直接来源，而只是提供了可能的能量来源。

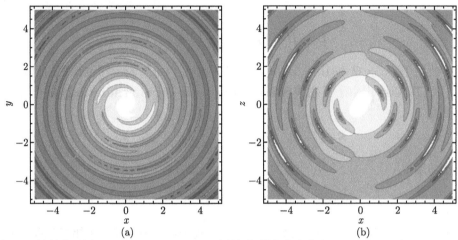

图 5.2　旋转中子星 ($\Omega = 5\mathrm{Hz}$，$\chi = \pi/3$) 磁偶极辐射能流密度在 x-y ($z = 0$) 和 x-z($y = 0$) 平面的空间分布，z 轴为自转轴方向

5.1.3　磁场和年龄估计

如式 (4.28) 所估计的，一颗刚刚诞生的中子星因为继承了前身星核心的绝大部分角动量而应该具有极快的自转频率，可能非常接近于由式 (4.26) 所给定的开普勒极限频率

$$\Omega_{\mathrm{K}} = \left(\frac{GM}{R^3} \right)^{1/2} \tag{5.28}$$

即引力全部用来提供向心力的情况。在这种情况下，旋转可能引起很多流体力学的不稳定性，从而影响它的自转演化 (见 9.3.2 节)。而与此同时，不稳定性扰动的黏滞耗散则可能使星体加热，从而影响它的温度演化。总之，这些因素综合在一起会使得中子星的初始演化变得非常复杂，并且它也一定无法长时间保持极限旋转的状态。

在经历了初期的复杂演化后，中子星的自转演化将进入由磁偶极辐射主导的阶段。当然，有时候引力波辐射也可能会发挥重要作用 (详见 9.3 节)。依据 $\dot{E}_{\mathrm{rot}} = -L_{\mathrm{md}}$，可以给出磁偶极辐射主导下中子星的自转演化方程

$$\frac{\mathrm{d}\Omega}{\mathrm{d}t} = -\frac{1}{6c^3 I} B_{\mathrm{p}}^2 R^6 \Omega^3 \sin^2 \chi \propto -\Omega^3 \tag{5.29}$$

由此可知磁偶极辐射制动对应的制动指数为 $n = 3$，原则上可以通过对制动指数的测量来检验该模型。由上式可以得到脉冲星自转周期 $P = 2\pi/\Omega$ 的演化方程

$$\frac{dP}{dt} = \frac{2\pi^2 B_{\rm p}^2 R^6 \sin^2 \chi}{3c^3 I} \frac{1}{P} \equiv \frac{A}{P} \tag{5.30}$$

由此解得

$$P(t) = P_{\rm i} \left(1 + \frac{t}{\tau_{\rm md}}\right)^{1/2} \tag{5.31}$$

其中

$$\tau_{\rm md} = \frac{P_{\rm i}^2}{2A} = \frac{3c^3 I P_{\rm i}^2}{4\pi^2 \, B_{\rm p}^2 R^6 \sin^2 \chi}$$

$$\approx 2 \times 10^9 I_{45} \, B_{\rm p,12}^{-2} R_6^{-6} P_{\rm i,-3}^2 {\rm s} \tag{5.32}$$

表示该脉冲星在初始自转周期 $P_{\rm i}$ 时的自转减慢时标。在 $t \ll \tau_{\rm md}$ 时，脉冲星的自转周期变化非常缓慢；而在 $t \gg \tau_{\rm md}$ 时，自转周期则以 $t^{1/2}$ 的形式随时间增长。实际上，在任何一个时刻，我们都可以定义当时的自转减慢时标。在脉冲星稳定的自转减慢过程中，有时会出现一些不和谐的现象，最重要的是脉冲频率突然增大的周期跃变。这种现象的发生可能是某种机制 (比如类似于地震的星震) 导致了中子星转动惯量的突变，也可能是星体内核处于超流态、其量子化的自旋突然向外转移所致。

基于中子星的自转演化，我们还可以得到几个非常重要的推论。首先，结合 (5.27) 和 (5.31) 两式可以给出中子星磁偶极辐射光度随时间的演化函数

$$L_{\rm md}(t) = L_{\rm md,i} \left(1 + \frac{t}{\tau_{\rm md}}\right)^{-2} \tag{5.33}$$

其中 $L_{\rm md,i}$ 的值可将初始旋转周期代入式 (5.27) 得到

$$L_{\rm md,i} = \frac{1}{6c^3} B_{\rm p}^2 R^6 \Omega_{\rm i}^4 \sin^2 \chi \approx 10^{43} B_{\rm p,12}^2 R_6^6 P_{\rm i,-3}^{-4} \ {\rm erg \cdot s^{-1}} \tag{5.34}$$

其次，根据式 (5.30) 我们可以得到

$$B_{\rm p} = \left(\frac{3c^3 I}{2\pi^2 R^6 \sin^2 \chi} P\dot{P}\right)^{1/2} \approx 6.4 \times 10^{19} (P\dot{P})^{1/2} \ {\rm G} \tag{5.35}$$

式中取 $\sin \chi = 1$。该式表明我们可以通过脉冲星的周期和周期变化率直接估计星体的磁场强度。最后，我们也可以将式 (5.30) 的积分结果写为 $t = (P^2 - P_{\rm i}^2)/2A$。那么，如在式 (4.34) 所提出的，对于 $P \gg P_{\rm i}$ 的情况，脉冲星的特征年龄可以表示为

$$\tau = \frac{P^2}{2A} = \frac{P}{2\dot{P}} \tag{5.36}$$

对于蟹状星云脉冲星，我们有 $P = 0.033085\mathrm{s}$ 和 $\dot{P} = 4.22765 \times 10^{-12}\mathrm{s \cdot s^{-1}}$，因此其特征年龄为 $\tau = 1240\mathrm{yr}$，与其实际年龄 $2000 - 1054 = 946\mathrm{yr}$ 十分接近。其存在的差异可能部分源于诞生初期的复杂演化过程。可以看到，脉冲星的特征年龄其实也就是它当时的自转减慢时标。

根据 (5.35) 和 (5.36) 两式，我们可以在 $P\text{-}\dot{P}$ 图中画出等磁场线和等年龄线，如图 5.3 所示。可以看到，绝大多数**普通脉冲星 (canonical pulsar)** 的磁场为 $10^{11} \sim 10^{13}\mathrm{G}$，而少数旋转很快的**毫秒脉冲星 (millisecond pulsar)** 则具有 $10^8 \sim 10^9\mathrm{G}$ 的较低磁场。还有一些为数不多的中子星，它们的磁场强度可以达到 $10^{14}\mathrm{G}$ 以上，即通常所称的磁陀星。除了磁场强度的差异，这几类脉冲星还在起源和诸多观测表现方面存在显著的不同。比如，大部分毫秒脉冲星发现于双星系统，它们的快速旋转被认为是吸积伴星物质的结果，而磁陀星则常常会发生一些剧烈的爆发活动。并且，对于磁陀星和双星系统中的脉冲星而言，它们所辐射的总能量常常会比自转减慢所释放的能量大得多，表明它们具有磁场供能或吸积供能的属性。

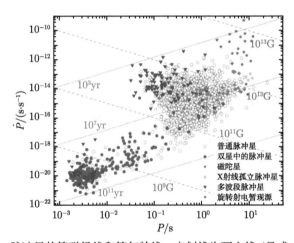

图 5.3　脉冲星的等磁场线和等年龄线，点划线为死亡线 (见式 (5.80))

5.2　磁　　层

5.2.1　真空环境下的电场

在计算中子星磁偶极辐射的时候，我们假设中子星就是一个在真空中倾斜旋转的磁偶极子。然而，必须意识到，由于中子星的旋转，哪怕其倾斜角为零 (磁轴和旋转轴平行)，中子星的内部都将出现电场。内部电场延伸到表面乃至外部，将导致带电粒子流出，从而改变中子星外部的真空环境。这些过程对于理解脉冲星的实际辐射性质来说是重要的，毕竟磁偶极辐射并不能直接解释观测到的射电脉冲辐射。作为一种最简单的考虑，不妨认为中子星内部总体上处于稳定的状态，即其内部带电粒子所受到的电磁合力为零

$$\boldsymbol{E}^{\mathrm{in}} + \frac{\boldsymbol{v}}{c} \times \boldsymbol{B}^{\mathrm{in}} = 0 \tag{5.37}$$

一般把这种合力为零的电磁场称为**无力 (force-free) 场**。该条件也可以写作 $\boldsymbol{E}^{\mathrm{in}} \cdot \boldsymbol{B}^{\mathrm{in}} = 0$，它意味着电场的方向必须与磁场方向垂直。

我们已经知道，中子星内部磁场的形式为 $\boldsymbol{B}^{\mathrm{in}} = B_{\mathrm{p}}(\cos\theta\boldsymbol{e}_r - \sin\theta\boldsymbol{e}_\theta)$，因而根据无力场条件可以得到内部电场的表达式为

$$\boldsymbol{E}^{\mathrm{in}} = -\frac{\boldsymbol{v}}{c} \times \boldsymbol{B}^{\mathrm{in}} = -\frac{\Omega B_{\mathrm{p}} r \sin\theta}{c}(\sin\theta\boldsymbol{e}_r + \cos\theta\boldsymbol{e}_\theta)$$

$$= -\frac{\Omega B_{\mathrm{p}}}{c}(x\boldsymbol{e}_x + y\boldsymbol{e}_y) \tag{5.38}$$

这里 $\boldsymbol{v} = \boldsymbol{\Omega} \times \boldsymbol{r}$。简单起见，考虑自转轴和磁轴平行的情况，于是内部电场的方向由中子星表面平行指向旋转轴。需要注意的是，该电场并不是简单的由磁矩旋转所形成的感生电场，而是不断调适中子星内部净电荷分布以形成无力场的结果。因为只有形成了无力场，这些电荷分布才达到稳定的状态。具体的净电荷密度可以由下式计算

$$\rho^{\mathrm{in}} = \frac{1}{4\pi}\nabla \cdot \boldsymbol{E}^{\mathrm{in}} = -\frac{\Omega B_{\mathrm{p}}}{2\pi c} \tag{5.39}$$

需要说明的是，这里给出来的净电荷密度所对应的粒子数远远小于 npe 气体总的粒子数密度，因此并不影响我们在讨论 npe 气体 β 平衡时所采取的电中性条件。

由上可知，中子星内部均带负电，而对应的正电荷则肯定分布在中子星表面上。由于面电荷的存在，中子星外部也必然出现电场。根据 $\boldsymbol{E}^{\mathrm{in}} = -\nabla\Phi^{\mathrm{in}}$，在中子星表面 $(r = R)$ 沿着 θ 方向对电场进行积分可以求得表面的电势分布：

$$\Phi^{\mathrm{in}}(R,\theta) = -R\int_0^\theta E_\theta^{\mathrm{in}}\mathrm{d}\theta' = \Phi^{\mathrm{in}}(R,0) + \frac{\Omega B_{\mathrm{p}}R^2}{2c}\sin^2\theta \tag{5.40}$$

这为我们求解中子星外部电场提供了衔接条件 $\Phi^{\mathrm{out}}(R,\theta) = \Phi^{\mathrm{in}}(R,\theta)$。在真空环境下，中子星外部电场满足拉普拉斯方程 $\nabla^2\Phi^{\mathrm{out}} = 0$，它的轴对称通解形式为 $\Phi^{\mathrm{out}} = \sum b_l r^{-(l+1)}P_l(\cos\theta)$，其中 $P_l(\cos\theta)$ 是勒让德多项式。根据表面的连接条件，容易知道其定解结果应为 $l = 2$ 和 $P_2(\cos\theta) = \frac{1}{2}(3\cos^2\theta - 1)$，因此 $b_2 = -B_{\mathrm{p}}R^5\Omega/3c$，即有

$$\Phi^{\mathrm{out}} = -\frac{\Omega B_{\mathrm{p}}R^2}{3c}\left(\frac{R}{r}\right)^3 P_2(\cos\theta) \tag{5.41}$$

此处原则上还可以存在 $l=0$ 项，但它所对应的 $\Phi^{\text{out}} \propto r^{-1}$ 电势要求星体整体具有净电荷，不满足电中性要求。利用 $\boldsymbol{E}^{\text{out}} = -\nabla\Phi^{\text{out}}$，我们可以得到真空环境下外部电场的表达式

$$\boldsymbol{E}^{\text{out}} = \frac{\Omega B_{\text{p}} R}{2c} \left(\frac{R}{r}\right)^4 \left[(1 - 3\cos^2\theta)\boldsymbol{e}_r - \sin 2\theta \boldsymbol{e}_\theta\right] \tag{5.42}$$

将该电场画于图 5.4(a) 中，可见真空环境下中子星外部的电场具有明显的四极场结构，且电场并不垂直于磁场 (即一定不是无力场)。根据内外电场在表面的连接条件，可以计算中子星表面的面电荷密度

$$\sigma = \frac{E_r^{\text{out}} - E_r^{\text{in}}}{4\pi} = \frac{\Omega B_{\text{p}} R}{8\pi c} \left(3 - 5\cos^2\theta\right) \tag{5.43}$$

根据式 (5.43) 及电场线指向可以判断，正电荷应主要居于赤道周围，而两极表面则主要为负电荷。对式 (5.43) 进行积分可得总的面电荷为 $\Sigma = 2\pi R^2 \int \sigma \sin\theta \mathrm{d}\theta = 2\Omega B_{\text{p}} R^3/3c$，这与星体内部的体电荷 (由式 (5.39) 乘以 $4\pi R^3/3$ 可得) 恰好相互抵消，星体整体保持电中性。

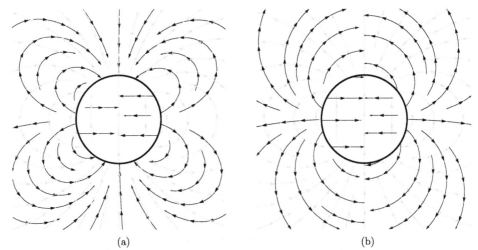

图 5.4　真空环境 (a) 和无力场条件 (b) 下中子星外部的电场线 (黑实线)，灰色线是偶极磁力线。自转轴和磁轴取为同向平行

5.2.2　无力场和极冠

在电场力的作用下，中子星表面的自由带电粒子可能被不断地拉入到外部环境中。与此同时，星体外部可能本就存在一定的星际介质，其中的带电粒子也将

在洛伦兹力的作用下发生流动而导致电荷分离。因此，中子星的外围实际上很难是完全真空的环境，取而代之的将是局部带电的等离子体，被称为**磁层 (magnetosphere)**。磁层中的电荷分布反过来将改变真空情况下的外部电场，使其不同于式 (5.42) 的情况。作为一种趋势，在足够长的时间下，磁层中的电磁场很可能满足无力场条件 $\boldsymbol{E} + \dfrac{\boldsymbol{v}}{c} \times \boldsymbol{B} = 0$，达到稳态。鉴于等离子体和磁力线的冻结效应，磁层还将和中子星处于共转状态。根据无力场条件，我们可以写出共转磁层中的外电场

$$\boldsymbol{E}^{\mathrm{out}} = -\frac{\boldsymbol{v}}{c} \times \boldsymbol{B}^{\mathrm{out}} = -\frac{\boldsymbol{\Omega} \times \boldsymbol{r}}{c} \times \boldsymbol{B}^{\mathrm{out}} \tag{5.44}$$

和电荷密度

$$\begin{aligned}
\rho^{\mathrm{out}} &= \frac{1}{4\pi} \nabla \cdot \boldsymbol{E}^{\mathrm{out}} = \frac{1}{4\pi} \nabla \cdot \left(-\frac{\boldsymbol{\Omega} \times \boldsymbol{r}}{c} \times \boldsymbol{B}^{\mathrm{out}} \right) \\
&= \frac{1}{4\pi c} \nabla \cdot \left[(\boldsymbol{r} \cdot \boldsymbol{B}^{\mathrm{out}})\boldsymbol{\Omega} - (\boldsymbol{\Omega} \cdot \boldsymbol{B}^{\mathrm{out}})\boldsymbol{r} + \boldsymbol{\Omega}(\boldsymbol{B}^{\mathrm{out}} \cdot \boldsymbol{r}) - \boldsymbol{r}(\boldsymbol{B}^{\mathrm{out}} \cdot \boldsymbol{\Omega}) \right] \\
&= -\frac{\boldsymbol{\Omega} \cdot \boldsymbol{B}^{\mathrm{out}}}{2\pi c}
\end{aligned} \tag{5.45}$$

将式 (5.11) 中的外磁场表达式代入上两式并假设自转轴和磁轴同向平行，可得

$$\boldsymbol{E}^{\mathrm{out}} = \frac{\Omega B_{\mathrm{p}} R^3}{2cr^2} \left(\sin^2 \theta \boldsymbol{e}_r - \sin 2\theta \boldsymbol{e}_\theta \right) \tag{5.46}$$

和

$$\rho^{\mathrm{out}} = -\frac{\Omega B_{\mathrm{p}}}{2\pi c} \left(\frac{R}{r} \right)^3 \left(\cos^2 \theta - \frac{1}{2} \sin^2 \theta \right) \tag{5.47}$$

式 (5.47) 最早由 P. Goldreich 和 W. H. Julian 在 1969 年推导得到，因此该密度一般被称为 **GJ 密度**[20]。图 5.5 展示了以 $\Omega B_{\mathrm{p}}/2\pi c$ 为单位的磁层等电荷密度分布情况。电荷的电性决定于 $\boldsymbol{\Omega}$ 和 $\boldsymbol{B}$ 的方向。当两者夹角小于 90° 时 (两极附近)，电荷为负，反之在赤道面上下则为正。两个区域的分界面为零电荷面，即磁场方向垂直于旋转轴的地方，对应的角度为 $\theta = \arctan \sqrt{2}$。我们再将式 (5.46) 给出的电场绘于图 5.4(b) 中，可见它原则上仍具有类似四极场的结构，但电场线的端点出现在旋转轴上。

随着距离中子星越来越远，磁层等离子体共转的线速度将越来越大，最终不可避免地接近光速。这时，共转在物理上已不可能实现，等离子体的绕转角速度必然减小，与中子星之间形成较差旋转。因此，我们可以定义一个特征半径

$$r_{\mathrm{L}} = \frac{c}{\Omega} \tag{5.48}$$

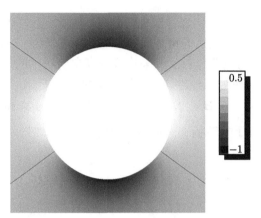

图 5.5　无力场条件下的磁层电荷密度分布，实线表示零电荷面。自转轴和磁轴取为同向平行

来表示共转区域的极限大小，由它所确定的分界面称为**光速圆柱 (light cylin-der) 面**。如图 5.6 所示，人们将那些只有一部分处于光速圆柱面以内的磁力线称为**开放磁力线 (open field lines)**。它们在伸出光速圆柱面以后将由于等离子体的较差旋转而发生扭曲，逐渐由极向变为环向，并延伸至非常远离中子星的地方。与此相对应，那些完整处于光速圆柱面以内的磁力线，则被称为**闭合磁力线 (closed field lines)**。它们将基本保持偶极场的形态，与中子星处于共转。假设在光速圆柱面处的环向磁场分量和极向分量强度相当，即

$$B_\phi \sim Mr_{\rm L}^{-3} \tag{5.49}$$

其中，M 是中子星的磁矩。再根据磁矩的不同表达式，我们可以得到该环向磁场

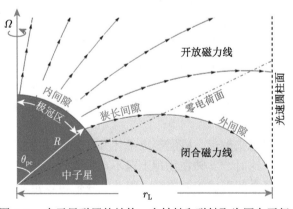

图 5.6　中子星磁层的结构，自转轴和磁轴取为同向平行

所要求的开放磁力线中的电流 I，即

$$\frac{Ir_{\rm L}^2}{c} \sim B_\phi r_{\rm L}^3 \quad \Rightarrow \quad I \sim \frac{cM}{r_{\rm L}^2} \tag{5.50}$$

上式表明，开放磁力线上的带电粒子将沿着磁力线流动，实现中子星真正向外的能量释放。

因此，对于研究中子星的观测效应而言，我们会特别关心开放磁力线中的物理过程。通常，人们把所有开放磁力线在中子星表面所占据区域称为**极冠区 (polar cap)**，它对星体中心的张角记为 $\theta_{\rm pc}$，如图 5.6 所示。为了求得该角度的大小，我们根据式 (5.11) 对外磁场的描述写出决定每根磁力线空间形状的方程

$$\frac{{\rm d}r}{r{\rm d}\theta} = \frac{B_{\rm r}}{B_\theta} = \frac{2\cos\theta}{\sin\theta} \tag{5.51}$$

然后，特别考虑最外围的那根闭合磁力线，因为它在中子星表面 $(r = R)$ 的落脚点正对应着角度 $\theta_{\rm pc}$，而它与光速圆柱面相切的位置则有 $\theta = \pi/2$ 和 $r = r_{\rm L}$。以此为积分上下限，我们通过对式 (5.51) 积分得到

$$\sin^2\theta_{\rm pc} = \frac{R}{r_{\rm L}} \tag{5.52}$$

据此，可以计算极冠区的半径大小为

$$R_{\rm pc} = R\sin\theta_{\rm pc} = 0.2R_6^{3/2}P_{-0.3}^{-1/2} \text{ km} \tag{5.53}$$

其中，P 是中子星自转周期。可以看到，对于并非处于极限旋转状态的中子星而言，极冠区在中子星表面所占的比例其实是很小的，这为理解脉冲星辐射的集束性提供了依据。

严格说来，上述假定的无力场条件 $\boldsymbol{E} + \boldsymbol{v} \times \boldsymbol{B}/c = 0$ 并不能与麦克斯韦方程组完全自洽，因为其中人为设定了电荷的共转运动 (也即设定了环向的电流)。所以，严格的无力场条件应改写为 $\rho\boldsymbol{E} + \boldsymbol{j} \times \boldsymbol{B}/c = 0$，其中 ρ 和 $\boldsymbol{j}$ 分别为电荷密度和电流密度，且电流密度需同时满足 $\boldsymbol{j} = (c/4\pi)\nabla \times \boldsymbol{B}$。这意味着中子星外部的磁场实际上已不再保持其真空解的形式，并只在一些特殊情况下才有解析解。如对于轴对称旋转**劈裂磁单极子 (split monopole)**，F. C. Michel 在 1973 年得到了如下解析解 [22, 23]：

$$B_{\rm r} = B_{\rm p}\frac{R^2}{r^2}, \ B_\phi = -\frac{\Omega r\sin\theta}{c}B_{\rm r}, \ E_\theta = B_\phi \tag{5.54}$$

该电磁场结构也示于图 5.7 中。一定程度上，磁偶极子可以看成是两个劈裂磁单极子的组合，其中一半磁力线径向向外，另一半则径向向内。所以，上述解析解具

有现实意义。如果考虑磁倾角 χ 不等于零，上述结果还需乘上因子 $\mathrm{sign}\,\Theta$，其中

$$\Theta = \cos\theta\cos\chi - \sin\theta\sin\chi\cos(\phi - \Omega t + \Omega r/c) \tag{5.55}$$

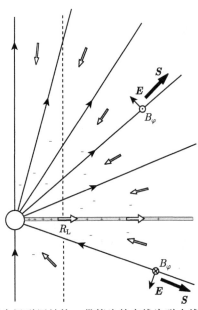

图 5.7　劈裂磁单极子的无力场磁层结构。带箭头的实线为磁力线在径向的投影，空心箭头为电流方向，正负号表示电荷属性。图源：文献 [107]

从中可以看到，满足自洽无力场条件的磁场应含有环向分量，这有助于理解光速圆柱面内外电磁场的连续过渡。同时也说明，磁层中应普遍存在沿着磁力线运动的电流，即使在闭合磁力线区域也是如此。对于更一般情况的求解必须借助数值方法，图 5.8 展示了旋转磁偶极子在磁倾角为 $\chi = 60°$ 时无力场磁层的数值计算结果 (在旋转轴和磁轴公共平面的投影)，(a) 中的颜色代表垂直于平面磁场分量的强度，而 (b) 中的颜色则代表电流 (即 $\nabla \times \boldsymbol{B}$) 的大小。可以看到，在光速圆柱之外磁场方向发生交替的地方，出现了电流集中流通的情况，称为**电流片 (current sheet)**。基于这些数值结果，可以积分得到无力场情况下中子星向外辐射的**坡印亭能流 (Poynting flux)**，其总光度为 [108]

$$L_{\mathrm{ffe}} = \frac{1}{4c^3}B_{\mathrm{p}}^2 R^6 \Omega^4 (1 + \sin^2\chi) \tag{5.56}$$

其中脚标 "ffe" 代表此为无力场解，以区别于式 (5.27) 的真空解。相比之下，该光度增加了约 3/2 倍，并对磁倾角的依赖更不敏感 (平行情况下也能发出辐射)，不过它对中子星参数的依赖关系保持不变。此外，电磁力对中子星施加的力矩还

会导致磁倾角的演变，其方程为[108]

$$\dot{\chi} = -\frac{1}{4\mathcal{I}} \frac{B_{\rm p}^2 R^6 \Omega^2}{c^2} \sin\chi \cos\chi \tag{5.57}$$

其中，$\mathcal{I}$ 是中子星的转动惯量。这是真空磁偶极辐射所没有的效果。这些结果后来也得到了完全**磁流体力学 (magnetohydrodynamic，MHD)** 计算的验证。

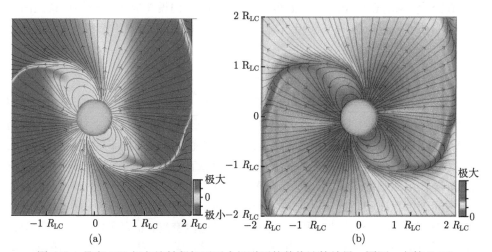

图 5.8　具有 60° 倾角旋转偶极子无力场磁层的数值计算结果。图源：文献 [108]

5.2.3　加速区

中子星从诞生开始，很可能会经历一段从真空环境逐渐向无力场过渡的时期。并且，即使在无力场条件下，由于开放磁力线区域的粒子外流，极冠附近很可能总是处于近似真空的状态，即在中子星表面和较远处无力场磁层之间存在一个真空的间隙[24]，称为**内间隙 (inner gap)**。在内间隙电场的作用下，带电粒子 (主要为自由电子；一般认为带正电的原子核更容易处于束缚状态) 从中子星表面出发将逐渐获得加速，其过程决定于

$$m_{\rm e}c^2{\rm d}\gamma = -eE_{\rm p}{\rm d}l - P_{\rm rad}{\rm d}t \tag{5.58}$$

其中，γ 是电子的洛伦兹因子，$E_{\rm p}$ 是极冠区电场强度，${\rm d}l$ 表示 ${\rm d}t$ 时间内沿着电场线 (也即磁场线) 运动的距离。方程右边第二项表示获得加速的电子通过辐射电磁波而损失的能量 ($P_{\rm rad}$ 为功率)。内间隙的最大电势差决定于开放磁力线在中子星表面 $\theta = 0$ 和 $\theta_{\rm pc}$ 之间的电势差。因此，在忽略辐射效应的情况下，根据式

(5.41) 可以得出电子在内间隙所能获得的最大能量为

$$e\delta\Phi = e\frac{\Omega B_{\rm p}R^2}{2c}\sin^2\theta_{\rm pc} = \frac{e\Omega B_{\rm p}R_{\rm pc}^2}{2c}$$

$$= 26 B_{\rm p,12}R_6^3 P_{-0.3}^{-2}\ {\rm TeV} \tag{5.59}$$

它对应着高达 $\sim 5\times 10^7$ 的电子洛伦兹因子。这些高能电子在磁场中运动将发出强烈的电磁辐射并引发级联反应 (见 5.3 节)，由此产生的大量正负电子对将逐渐填充真空，使电场在一定的高度处被屏蔽。通常，人们设想完全屏蔽的位置距离极冠表面的高度和极冠区的半径相当，$H\sim R_{\rm pc}$，则真空内间隙的电场强度可估计为

$$E_{\rm p} = -\frac{\delta\Phi}{H} = -\frac{\Omega B_{\rm p}R_{\rm pc}}{2c}$$

$$= -4.3\times 10^6 B_{\rm p,12}P_{-0.3}^{-3/2}R_6^{3/2}\ {\rm statV}\cdot{\rm cm}^{-1} \tag{5.60}$$

其中单位 statV 是高斯单位制中的电势单位 (它与国际单位制中伏特的关系为 statV = 299.8 V)。该值远小于式 (5.42) 给出的完全真空环境下的极冠电场强度。

　　考虑到级联反应实际上是逐渐发生的，所以它们产生的次级粒子对内间隙电场的屏蔽作用原则上应在一定区域内逐渐完成。所以，这里还考虑一种极端情况，假设内间隙中存在稳定的常数电流，利用 $\rho = j/v$ 直接给出内间隙的电荷密度分布 (而忽略粒子的具体产生过程)，其中 j 表示电流密度，v 表示粒子的运动速度。再根据无力场条件，当电荷密度等于 GJ 密度时，磁层中就不会存在有效的加速电场，因此具有加速作用的电势差 $\delta\Phi$ 应决定于电荷密度对 GJ 密度的偏离，即有

$$\nabla^2\delta\Phi = \frac{{\rm d}^2\delta\Phi}{{\rm d}l^2} = -4\pi\rho \tag{5.61}$$

及

$$\rho = j\left(\frac{1}{v} - \frac{1}{v_{\rm m}}\right) = \frac{\Omega B_{\rm p}}{2\pi c}\left(\frac{\beta_{\rm m}}{\beta} - 1\right) \tag{5.62}$$

其中，$v_{\rm m} = j/\rho_{\rm GJ}$ 为经过加速后的最大电子速度。由于极冠区的截面非常小，所以上述静电场方程仅需考虑一维情况。同样忽略辐射能损，再根据电场强度和电势差的关系 $E = -\nabla\delta\Phi = -{\rm d}\delta\Phi/{\rm d}l$ 可以得到

$$\frac{{\rm d}^2\gamma}{{\rm d}l^2} = \frac{2e\Omega B_{\rm p}}{m_{\rm e}c^3}\left(\frac{\beta_{\rm m}}{\beta} - 1\right) \tag{5.63}$$

利用 $\dfrac{{\rm d}^2\gamma}{{\rm d}l^2} = \dfrac{1}{2}\dfrac{\rm d}{{\rm d}\gamma}\left(\dfrac{{\rm d}\gamma}{{\rm d}l}\right)^2$ 求解该方程，一方面可以得到粒子的加速过程，另一方面也可以得到常数电流假设下内间隙的最大电场强度

$$E_{\rm p} = -\frac{m_{\rm e}c^2}{e}\frac{{\rm d}\gamma}{{\rm d}l} \approx \left(\frac{4\Omega B_{\rm p}m_{\rm e}c}{e}\right)^{1/2}$$

$$= -1.7 \times 10^3 B_{\text{p},12}^{1/2} P_{-0.3}^{-1/2} \text{ statV} \cdot \text{cm}^{-1} \tag{5.64}$$

相较于式 (5.60)，可以看到此时的电场强度变得更小，电荷的连续屏蔽作用十分显著。不过，考虑到级联反应是指数式增长的 (未必能够形成常数电流)，屏蔽效应仍应主要发生于较高的位置。相比之下，由于磁力线弯曲和广义相对论效应所引起的电荷密度偏离可能更为显著。不过，无论如何，只要中子星表面对粒子的束缚能力足够大以及高度 H 的大小选取合适，真空内间隙模型仍应是比较合理的描述。

在粒子流经内间隙加速并向外流动的过程中，粒子流和处于相对稳态的闭合磁力线之间会存在一个边界面。由于粒子的产生来自于直线传播的伽马光子 (见 5.3 节)，而粒子的运动却沿着弯曲的磁力线，因此这个边界面中会出现一个密度逐渐偏离 GJ 密度的过渡区域，其中也会产生加速电场 [109]。这个区域被称为**狭长间隙 (slot gap)**。此外，对于零电荷面以外的开放磁力线，其中的粒子甚至是净电荷将可能流出光速圆柱面。而在缺失的电荷无法得到来自内部的有效补充的情况下 (因为里面的电荷电性相反)，无力场将被破坏，在最后一根闭合磁力线和零电荷面之间的区域也将出现电势差 [110]。相对于极冠区的内间隙，这个区域被称作**外间隙 (outer gap)**，它的电场强度决定于电荷密度偏离 GJ 密度的程度。考虑一种最极端的情况，把开放磁力线区域的电荷突然全部去掉，此时在最后一根闭合磁力线上出现的电场即为外间隙加速区电场的上限。等效来看，就相当于在最后一根闭合磁力线上增加了具有 GJ 密度的额外电荷，它们将导致沿着磁力线方向的电场，其电场强度与内间隙在量级上相当。

5.3 脉冲辐射

5.3.1 带电粒子在磁场中的辐射

由于其复杂的变速运动，加速后的相对论性带电粒子 (主要是正负电子) 将辐射电磁波，从而造成观测到的各种脉冲星辐射现象。带电粒子在磁场中的辐射在一般的天体辐射机制书籍中均有详细介绍，因此本节仅做简要概述。电子在磁场中的运动原则上可以分解为垂直磁场方向的圆周运动和平行磁场方向的匀速运动。记电子的运动速度为 v，其运动方向和磁场方向的夹角为 α，则其圆周运动的动力学方程为

$$m\dot{v}_\perp = \frac{e}{c} v_\perp B \tag{5.65}$$

其中，$v_\perp = v\sin\alpha$ 为圆周运动线速度。据此可以定义圆周运动的角频率

$$\omega_\text{L} = \frac{eB}{mc} \tag{5.66}$$

即拉莫尔频率。

　　处于圆周运动的电子所发出的电磁辐射称为**回旋辐射** (cyclotron radiation)，其辐射总功率可从电动力学知道

$$P_{\mathrm{clc}} = \frac{2}{3c^3}(e\dot{v}_\perp)^2 = \frac{2}{3c}e^2\omega_{\mathrm{L}}^2\beta^2\sin^2\alpha$$
$$= \frac{2}{3c}r_{\mathrm{e}}^2v^2B^2\sin^2\alpha = \frac{1}{4\pi c}\sigma_{\mathrm{T}}v^2B^2\sin^2\alpha \tag{5.67}$$

其中，r_{e} 为经典电子半径，σ_{T} 为汤姆孙散射截面。这里我们把几种不同的表达形式都写出来，还可将上述公式和磁偶极辐射公式相比较，方便从不同物理角度理解。比上式 (5.67) 右边最后一个表达式，便可以视作是电子和磁能密度之间的散射过程。回旋辐射的功率将主要分布在拉莫尔频率及其倍频上，$\alpha = 0$ 的情况下分立的谱功率为 [111]

$$P_{\mathrm{n}} = \frac{2e^2\omega_{\mathrm{L}}^2}{c}\frac{(n+1)n^{2n+1}}{(2n+1)!}\beta^{2n} \tag{5.68}$$

可见，对于非相对论性 ($\beta \ll 1$) 的电子，基频辐射是绝对主导的，一定程度上可以说辐射完全是单色的。

　　由于回旋辐射所造成的能量损失反过来将导致电子圆周运动半径减小至完全消失，所以电子在磁场中的圆周运动原则上并不能够真正保持匀速率。尤其当电子具有相对论性的速度时，圆周运动半径的变化将变得十分明显，实际上将被不断缩小的螺旋线所代替。此时的辐射被称为**同步辐射** (synchrotron radiation)，其辐射总功率可通过相对论变换得到，即

$$P_{\mathrm{syn}} = P_{\mathrm{clc}}\gamma^2 = \frac{4}{9c}e^2\omega_{\mathrm{L}}^2\beta^2\gamma^2$$
$$= \frac{4}{9}r_{\mathrm{e}}^2c\beta^2B^2\gamma^2 = \frac{1}{6\pi}\sigma_{\mathrm{T}}c\beta^2B^2\gamma^2 \tag{5.69}$$

其中，γ 是电子的洛伦兹因子。这里我们还对电子的入射角求了平均，即有 $\langle\sin^2\alpha\rangle = 2/3$。据此，我们可以估计电子在强磁场下通过同步辐射损失能量的时标为

$$t_{\mathrm{cool}} = \frac{\gamma mc^2}{P_{\mathrm{syn}}} = 7.7 \times 10^{-16}\gamma^{-1}B_{\mathrm{p},12}^{-2}\ \mathrm{s} \tag{5.70}$$

如此短暂的时间表明，电子垂直于磁场方向的能量将极快地通过同步辐射完全损失掉，其在中子星磁场中实际的运动只能沿着磁力线进行。

　　由于相对论性效应，同步辐射谐频之间的间隔将变得很小，同时各谱线也都大大展宽，从而使其辐射谱不再是分立的谱线，而将代之以在频率上连续变化的

电磁波谱，其谱功率密度可以写为[111]

$$\frac{\mathrm{d}P(\omega)}{\mathrm{d}\omega} = \frac{\sqrt{3}e^2\omega_{\mathrm{L}}}{2\pi c} \frac{\omega}{\omega_{\mathrm{c}}} \int_{\omega/\omega_{\mathrm{c}}}^{\infty} K_{5/3}(x)\mathrm{d}x \equiv \frac{\sqrt{3}e^2\omega_{\mathrm{L}}}{2\pi c} F\left(\frac{\omega}{\omega_{\mathrm{c}}}\right) \tag{5.71}$$

这里，$K_{5/3}(x)$ 是贝塞尔函数，$\omega_{\mathrm{c}} = \frac{3}{2}\omega_{\mathrm{L}}\gamma^2\sin\alpha$ 是同步辐射的临界频率。在数值计算中，我们可以用下式很好地拟合无量纲化同步辐射谱

$$F(y) = a\left(\frac{1}{y} + b\right)^{-(cy+1/3)}$$
$$\times \sqrt{\frac{\pi}{2}}\mathrm{e}^{-(y+d)}(y+d)^{1/2}\left[1 + \frac{55}{72(y+d)} - \frac{10151}{10368(y+d)^2}\right]$$

式中，$a = 5.4158$，$b = 0.9600$，$c = 0.5780$，$d = 1.2786$。可以看到，对于低频情况，同步辐射谱为幂律谱 $P(\omega) \propto \omega^{1/3}$。而在高频段，则具有指数截断 $P(\omega) \propto \exp(-\omega/\omega_{\mathrm{c}})$。图 5.9 展示了线性坐标和对数坐标下的无量纲化同步辐射谱。可见，尽管同步辐射是连续谱，但其主要的辐射功率仍然集中在峰值频率附近 (非常接近临界频率)。当 $y = 1.323$ 时，函数 $yF(y)$ 达到最大值 0.68。近似单色性是同步辐射的一个显著特征，据此我们常直接采用同步辐射的峰值频率和对应的峰值谱功率来做一些解析计算。不过，在具体的计算中需对它们做一些数值调整，以使它们的乘积结果和积分结果 $\int_0^{\infty} F(y)\mathrm{d}y = 1.6$ 相一致。

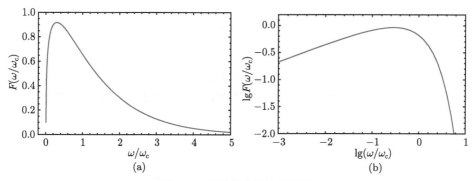

图 5.9　无量纲化同步辐射谱

　　在极强磁场下，当电子沿着弯曲磁力线运动时，其运动方向的改变仍将使其发出电磁辐射，称为**曲率辐射 (curvature radiation)**。和同步辐射相比，我们只需用磁力线的曲率半径 ρ_{c}/γ(换算到电子随动系) 替换同步辐射公式中的拉莫

尔半径 c/ω_{L}，便可以得到曲率辐射的谱功率

$$\frac{\mathrm{d}P(\omega)}{\mathrm{d}\omega} = \frac{\sqrt{3}e^2\gamma}{2\pi\rho_{\mathrm{c}}}\frac{\omega}{\omega_{\mathrm{c}}}\int_{\omega/\omega_{\mathrm{c}}}^{\infty} K_{5/3}(x)\mathrm{d}x \tag{5.72}$$

和总功率

$$P_{\mathrm{cur}} = \frac{2e^2c}{3\rho_{\mathrm{c}}^2}\beta^2\gamma^4 \tag{5.73}$$

其中 $\omega_{\mathrm{c}} = \frac{3}{2}\gamma^3 c/\rho_{\mathrm{c}}$，不需考虑入射角的问题。这里，我们知道同步辐射和曲率辐射的物理本质是相同的，因此在一些磁场不是那么强的区域 (比如外间隙区域)，我们可能需要用一个统一的公式来同时反映电子的两个运动成分。对于脉冲星而言，因为 $\rho_{\mathrm{c}} \gg \gamma c/\omega_{\mathrm{L}}$，因此其辐射一般由大批电子在大尺度磁场中的曲率辐射导致。并且，考虑到不同频率的射电辐射应对应不同的曲率半径，它们相对于中子星表面就具有不同的高度。所以，不同频率的射电波会在不同时刻发射并在不同时刻被接收，也就是说射电脉冲可能存在随频率漂移的现象。

脉冲星射电辐射的流量往往对应着很高的亮温度[①]。为了解释这种现象，我们一般要求发出曲率辐射的大量电子具有高度的**相干性 (coherence)**，即它们的运动具有协同一致性而使得电磁辐射的相位完全一致。记这束相干电子的数目为 N，则该**电子束 (electron bunch)** 曲率辐射的总功率可以写为

$$P_{\mathrm{cur}} = \frac{2(Ne)^2c}{3\rho_{\mathrm{c}}^2}\beta^2\gamma^4 \tag{5.74}$$

不过，如何让 N 个电子具有并保持相干状态，仍然是一个开放的问题。

5.3.2　级联过程

通过真空内间隙的加速，来自中子星表面的初级电子将获得高达 $10^7 \sim 10^8$ 的洛伦兹因子 γ。若考虑辐射能损对加速的抑制，最大洛伦兹因子可估计为

$$\gamma_{\max} = \left(\frac{3\rho_{\mathrm{c}}^2 E_{\mathrm{p}}}{2Ne}\right)^{1/4} = 3\times10^7 N^{-1/4}B_{\mathrm{p},12}^{1/4}\rho_{\mathrm{c},6}^{3/4}P_{-0.3}^{-1/4} \tag{5.75}$$

其中，N 表示初级电子束中的电子数目。无论如何，这些极端相对论性的电子将通过曲率辐射发出具有如下特征能量的高能光子：

$$\mathcal{E}_{\gamma} = \hbar\omega_{\mathrm{c}} = \frac{3\hbar c}{2\rho_{\mathrm{c}}}\gamma^3 = 30\rho_{\mathrm{c},6}^{-1}\gamma_7^3 \text{ GeV} \tag{5.76}$$

---

① 亮温度是将射电流量人为归结为黑体辐射流量时得到的等效黑体温度，并非真实物理温度。

这里取 $\rho_c \sim R$ 是因为考虑到中子星表面磁场以多极场为主导。当这些高能光子在强磁场中运动时,将通过 $\gamma + B \to e^+ + e^- + B$ 反应激发产生次级正负电子对[21],由此决定了这些高能光子在强磁场中可穿行的平均自由程为[112]

$$\lambda_\gamma = \frac{8}{3\Lambda} \frac{B_c}{B} \frac{m_e c^2}{\mathcal{E}_\gamma} \rho_c = 100 \rho_{c,6} B_{p,12}^{-1} \left(\frac{\mathcal{E}_\gamma}{30\text{GeV}} \right)^{-1} \text{ cm} \qquad (5.77)$$

其中,$\Lambda \sim 20$,$B_c = m^2 c^3/(\hbar e) = 4.4 \times 10^{13}\text{G}$ 是电子的朗道临界磁场 (其物理含义见 8.2 节)。次级电子对继承了伽马光子的能量,并将在磁场中继续发出电磁辐射,这一系列过程被统称为**级联过程 (cascade process)**,如图 5.10 所示。由于初级电子可以辐射出大量的伽马光子,因此次级电子的数目将远远大于初级电子的数目,两者数目之比称为**多重数 (multiplicity)**。

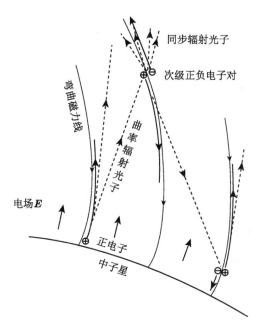

图 5.10　级联过程示意图。图源:文献 [107]

随着辐射光子能量的降低,其平均自由程将显著增长,相应的脉冲星磁场也将迅速减小到无法导致真空激发。所以,可以用 $\lambda_\gamma \sim R$ 来估计能够导致真空激发的最小光子能量为

$$\mathcal{E}_{\gamma,\text{min}} \sim \frac{8}{3\Lambda} \frac{B_c}{B} \frac{\rho_c}{R} m_e c^2 = 30 \rho_{c,7} B_{p,12}^{-1} R_6^{-1} \text{ MeV} \qquad (5.78)$$

这里的曲率半径取 $\rho_c \sim R/\sin\theta_{pc} \sim (10^7 \sim 10^8)\text{cm}$。上面的能量同时也代表着级联过程次级电子的最小能量,对应洛伦兹因子为 $\gamma_{\text{min}} \sim 60$。在 $\rho_c \sim R/\sin\theta_{pc}$ 的

情况下，这些具有最小能量的电子的曲率辐射正好落在 GHz 的射电频段，可为脉冲星的射电辐射提供自然的解释。此外，我们还可以估计次级电子的多重数为

$$\mathcal{M} \sim \frac{\gamma_{\max}}{\gamma_{\min}} \sim 10^5 \tag{5.79}$$

由于正负电子对之间的电荷相互抵消，所以磁层中的实际电子对数密度原则上可以远远大于 GJ 电荷密度，而不会改变磁层的无力场条件。次级电子的多重数高度依赖于加速区的电势差。当电势差过小以致初级光子无法达到形成电子对的条件时，中子星便无法发出脉冲辐射。根据 $\lambda_\gamma \sim H \sim R_{\mathrm{pc}}$，我们可以在 P-$\dot{P}$ 图上确定一条脉冲星的死亡线，如图 5.3 中点划线所示，其表达式为

$$\lg \dot{P} = \frac{9}{4} \lg P - 16.85 + \lg \rho_{\mathrm{c},6} \tag{5.80}$$

其中对曲率半径参数的取值依据观测数据而定。

相比内间隙，外间隙所处的位置要远得多，其磁场也由偶极场主导，曲率半径可与光速圆柱半径相当，因而初级辐射的能量可在 MeV 左右。再考虑到磁场随距离快速减小，这些光子的平均自由程可达 $\lambda_\gamma \sim 10^{20} \rho_{\mathrm{c},10} B_0^{-1} E_{\gamma,\mathrm{MeV}}^{-1} \mathrm{cm}$，也就意味着它们无法激发电子对而可以被直接观测到。因此，尽管脉冲星最初是在射电波段被发现的，但原则上它们具有在全波段辐射的可能。简单来看，我们可以用内间隙的辐射来解释射电脉冲辐射，而用外间隙来解释高能脉冲辐射 [113]。实际观测中，这些多波段脉冲辐射并不总会同时存在，反映了脉冲星辐射机制的复杂性。比如，在费米伽马射线望远镜观测到的 250 多颗伽马射线脉冲星中，就同时存在射电宁静和射电噪的不同类型。

5.3.3 脉冲轮廓的形成

相对论性电子的辐射具有很强的集束性，辐射出来的能量主要集中在沿着它的运动方向半张角约为 $1/\gamma$ 的立体角内。因此，无论是内间隙还是外间隙的辐射，都只有在辐射束指向观测者的时候才能被观测到。随着星体的旋转，脉冲星的辐射就会自然表现出显著的周期性，恰如航海时看灯塔的效果一般。同时，鉴于辐射的高度方向性，为了和观测结果进行有效对比，我们在计算中还需仔细考虑曲率辐射功率随方向角的分布。此外，考虑到磁场几何结构的复杂性，辐射束并不一定就是简单的锥形。比如，越靠近磁轴，磁力线就越直，曲率辐射就越弱，而同时也越不容易发生正负电子对的激发 (因为入射伽马光子更容易平行于磁力线)。所以，对于内间隙辐射区而言，其辐射锥很可能是中空的 [115-117]。如图 5.11 所示，这种几何结构将很自然地导致单峰或双峰的脉冲轮廓，具体取决于视线和中空辐射锥的相交关系。

更具体地, 如图 5.12 所示, 我们可以将中子星磁层 (以外间隙辐射为例) 在 4π 立体角方向的辐射性质全部呈现在一个平面上 (以旋转轴为对称轴)。然后, 根据观测者所处的纬度画出一条直线 (因为星体的旋转, 所以视线可以在此纬线上面划过)。观测者纬线与辐射区域的相交之处, 便是可以看到脉冲辐射的地方。可见, 在一个周期内可以出现多个辐射脉冲, 并具有其内在的结构。因此, 我们可以通过研究脉冲星的脉冲轮廓来分析它的辐射区域性质。不同波段的脉冲轮廓可能存在显著的差异, 这是因为它们可能来自于不同的辐射区域和不同的辐射高度。

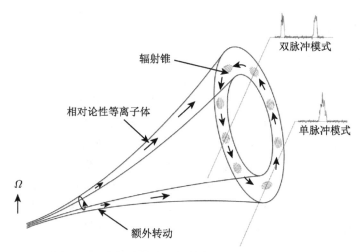

图 5.11 内间隙的中空辐射锥。图源: 文献 [107]

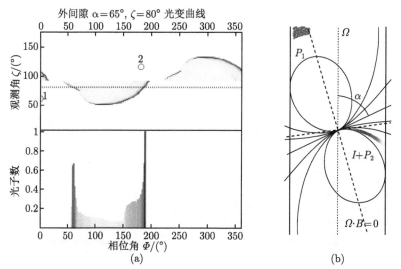

图 5.12 外间隙的几何分布及相应脉冲轮廓的形成。图源: 文献 [114]

第 6 章 脉冲星风

6.1 相对论性星风的形成

6.1.1 坡印亭流和粒子流

在光速圆柱之外,由于等离子体的较差旋转 (以及电磁场的推迟势效应),中子星的磁力线将沿着环向扭曲,及至远处几乎完全成为环向场。如果从两极方向看过去,每根磁力线都会是一根类阿基米德螺旋线。这种环向扭曲导致磁力线在赤道平面上下两侧发生了折叠,赤道面成了一个特殊的中性面,如图 6.1(a) 所示。考虑实际的磁倾角很可能不为零,所以赤道面会由于旋转而摆动。因此,中性面将不是一个简单的平面,而是会表现为一个扭曲的波浪面 (阿基米德螺旋面),如图 6.1(b) 所示。由此可以知道,从中子星沿着径向向外,磁力线的方向发生着周期性的交替变化 [118]。总的来说,我们可以用类似劈裂磁单极子的解来近似描述光速圆柱之外的磁场 (尤其对于 $\chi > 30°$ 的情况),即 [119]

$$
\begin{cases}
B_{\mathrm{r}} \approx B_{\mathrm{L}} \dfrac{r_{\mathrm{L}}^2}{r^2} \sin\theta \cos(\phi - \Omega t + \Omega r/c - \phi_0) \\[3mm]
B_{\phi} = E_{\theta} \approx -B_{\mathrm{L}} \dfrac{\Omega r_{\mathrm{L}}^2}{cr} \sin^2\theta \cos(\phi - \Omega t + \Omega r/c - \phi_0)
\end{cases}
\tag{6.1}
$$

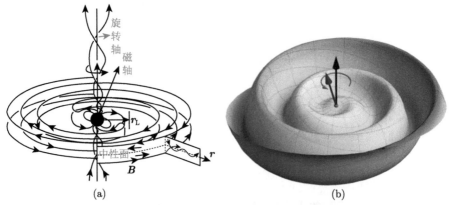

图 6.1 光速圆柱之外的磁场结构 (a) 及具有阿基米德螺旋结构的中性面 (b)

其中，$B_{\mathrm{L}} = B_{\mathrm{p}}(r_{\mathrm{L}}/R)^{-3}$ 是光速圆柱面处的磁场强度，$\phi_0 \approx 30°$。注意跟式 (5.54) 相比，式 (6.1) 中多了一项 $\sin\theta$，表明磁力线以及电磁能流具有向垂直自转轴平面集中的趋势。

磁层级联过程产生的大量正负电子对将沿着上述开放磁力线流向远方，和坡印亭流一起形成强大的能量外流，称为**脉冲星风 (pulsar wind)**。根据式 (5.50) 给出的开放磁力线区域的电流 I，我们可以估计从中子星磁层向外流出的粒子流为

$$\dot{N} = \mathcal{M}\frac{I}{q} = \mathcal{M}\frac{B_{\mathrm{p}}R^3\Omega^2}{2cq} \tag{6.2}$$

其中，$\mathcal{M}$ 是决定于级联过程的电子多重数，q 是电子电量。上式也可以由 $\dot{N} = \mathcal{M}\pi r_{\mathrm{L}}^2 \rho_{\mathrm{GJ}}(r_{\mathrm{L}})/q$ 得到。再结合式 (5.56) 给出的电磁能流总光度 L_{ffe}(无力场解)，我们可以定义坡印亭流的**磁化参量 (magnetization parameter)**

$$\sigma_{\mathrm{m}} = \frac{L_{\mathrm{ffe}}}{\dot{N}m_{\mathrm{e}}c^2} = \frac{qB_{\mathrm{p}}R^3\Omega^2}{2\mathcal{M}m_{\mathrm{e}}c^4} \tag{6.3}$$

当外流中的电磁能量都转化为粒子流的动能时，上述磁化参量也就代表着粒子流的最大洛伦兹因子 (见式 (6.34))，因此中子星的星风最终应是相对论性的。这种星风和外部物质 (如超新星抛射物、星际介质、主序伴星的星风等) 的相互作用将导致多种辐射现象，成为我们观测和研究中子星的一个重要途径。

6.1.2 相对论流体力学

相对论性流体的动力学演化决定于一组描述流体能量、动量和质量守恒的方程组。记流体的四维速度为 $u^\mu = \Gamma c(1,\beta)$(其中 $\beta = \sqrt{1 - \Gamma^{-2}}$)，则流体的能量动量张量可写为

$$T^{\mu\nu} = \left(\rho' + \frac{e'}{c^2} + \frac{P'}{c^2}\right)u^\mu u^\nu + P'g^{\mu\nu} \equiv w'u^\mu u^\nu + P'g^{\mu\nu} \tag{6.4}$$

其中，ρ'，e' 和 P' 分别为流体在随动系的质量密度、内能密度 (不包含静能量) 和压强，度规张量采用 $g_{00} = -1$，$g_{11} = g_{22} = g_{33} = 1$。考虑球对称情形，且流体速度仅有径向分量不为零，即 $u^\mu = \Gamma c(1,\beta,0,0) \equiv c(\Gamma, u, 0, 0)$，则质量守恒方程 (连续性方程) 和能量动量张量分别为

$$(\rho' u^\mu)_{;\mu} = 0 \Rightarrow \frac{1}{c}\frac{\partial}{\partial t}(\rho'\Gamma) + \frac{1}{r^2}\frac{\partial}{\partial r}(r^2\rho' u) = 0 \tag{6.5}$$

$$T^{\mu\nu} = \begin{pmatrix} w'\Gamma^2 c^2 - P' & w'u\Gamma c^2 & 0 & 0 \\ w'u\Gamma c^2 & w'u^2 c^2 + P' & 0 & 0 \\ 0 & 0 & P' & 0 \\ 0 & 0 & 0 & P' \end{pmatrix} \tag{6.6}$$

将 $T^{\mu\nu}$ 对四维位矢 (ct, r, θ, ϕ) 求导可得守恒方程 $T^{\mu\nu}_{;\nu} = 0$, 其中有能量守恒方程 (取 $\mu = 0$)

$$T^{0\nu}_{;\nu} = 0 \quad \Rightarrow \quad \frac{1}{c}\frac{\partial}{\partial t}[(\rho'c^2 + e' + \beta^2 P')\Gamma^2] + \frac{1}{r^2}\frac{\partial}{\partial r}(r^2 w' u \Gamma c^2) = 0 \tag{6.7}$$

和动量守恒方程 (取 $\mu = 1$)

$$T^{1\nu}_{;\nu} = 0 \quad \Rightarrow \quad \frac{1}{c}\frac{\partial}{\partial t}(w'\Gamma u c^2) + \frac{1}{r^2}\frac{\partial}{\partial r}(r^2 w' u^2 c^2) + \frac{\partial P'}{\partial r} = 0 \tag{6.8}$$

对于中子星的坡印亭外流而言, 因其中含有电磁场, 上述能量动量张量中还需加入电磁场项, 即 [31]

$$T^{\mu\nu} = \frac{1}{4\pi}\left[\left(u^\mu u^\nu + \frac{1}{2}g^{\mu\nu}\right)b_\alpha b^\alpha - b^\mu b^\nu\right] \tag{6.9}$$

其中, $b^\mu = \tilde{F}^{\mu\nu}u_\nu$ 是磁场的四维矢量, $\tilde{F}^{\mu\nu}$ 是电磁场对偶张量 (此处我们考虑仅包含磁场的情况, 且以环向主导). 对于稳态的星风, 可以不用考虑它的含时变化, 而只需考察其性质随半径的变化, 即

$$\frac{\partial}{\partial r}r^2 \rho' u = 0 \tag{6.10}$$

$$\frac{\partial}{\partial r}r^2\left(w'u\Gamma c^2 + \frac{\beta B^2}{4\pi}\right) = 0 \tag{6.11}$$

$$\frac{\partial}{\partial r}r^2\left[w'u^2 c^2 + (1+\beta^2)\frac{B^2}{4\pi}\right] + r^2\frac{\partial P'}{\partial r} = 0 \tag{6.12}$$

其中, B 为磁场强度. 基于这些守恒方程, 我们可以定义两个守恒流, 即单位立体角内的质量流

$$\dot{M} = r^2 \rho' u c \tag{6.13}$$

和能量流 (不考虑星风中含有内能)

$$L = \Gamma \dot{M} c^2 + r^2 \frac{B^2}{4\pi}\beta c \tag{6.14}$$

据此, 我们可以将守恒方程简写为

$$\frac{\mathrm{d}L}{\mathrm{d}r} = \dot{M}c^2\frac{\mathrm{d}\Gamma}{\mathrm{d}r} + \frac{c}{4\pi}\frac{\mathrm{d}\left(\beta r^2 B^2\right)}{\mathrm{d}r} = 0 \tag{6.15}$$

如果由于某种机制，星风中的磁能可以发生耗散，将导致星风动力学加速，即

$$\frac{\mathrm{d}\Gamma}{\mathrm{d}r} = -\frac{1}{4\pi \dot{M}c}\frac{\mathrm{d}\left(\beta r^2 B^2\right)}{\mathrm{d}r} \tag{6.16}$$

此处完全是从能量守恒的角度考虑，而忽略了磁能转化为内能再转化为动能的具体过程和转化效率。

通常，我们还会定义参数 σ 来表示坡印亭流中电磁能流和动能流的比值，即

$$\sigma \equiv \frac{r^2 B^2 \beta}{4\pi \Gamma \dot{M}c} \approx \frac{B'^2}{4\pi \rho' c^2} \tag{6.17}$$

其中磁能流密度采用了 $B^2 c\beta/4\pi$。该参数也称为磁化参量，但与式 (6.3) 中定义的 σ_m 略有不同 (σ_m 是 σ 的上限值)。据此，我们还可以写出流体的**阿尔文速度 (Alfven velocity；磁流体中的声速)**

$$u_\mathrm{A}' = \left(\frac{B'^2}{4\pi \rho' c^2}\right)^{1/2} = \sqrt{\sigma} \tag{6.18}$$

$$v_\mathrm{A}' = c\frac{u_\mathrm{A}'}{\sqrt{1+u_\mathrm{A}'^2}} = c\sqrt{\frac{\sigma}{1+\sigma}} \tag{6.19}$$

星风在从光速圆柱面出发时被认为已经获得了磁压梯度的加速，其速度应与阿尔文速度相当，因此初始洛伦兹因子为

$$\Gamma_\mathrm{i} \sim \sqrt{1+u_{\mathrm{A},\mathrm{i}}^2} = \sqrt{1+\sigma_\mathrm{i}} \tag{6.20}$$

于是，我们还可以将星风的总光度表示为

$$L = (1+\sigma_\mathrm{i})\,\Gamma_\mathrm{i}\dot{M}c^2 = (1+\sigma_\mathrm{i})^{3/2}\,\dot{M}c^2 \tag{6.21}$$

可以看到，σ_i 和 σ_m 的大致关系为 $\sigma_\mathrm{m} \approx \sigma_\mathrm{i}^{3/2}$。

6.1.3 磁重联

在一个很小的空间范围内，磁力线如果发生频繁改向，其耦合的等离子体将变得非常不稳定。就像两列排序相反的小磁针相互靠近的时候，在足够近的情况下，这些小磁针必然会趋向于在局域范围重新排列，形成局域的闭合磁力线。此时，小磁针整体上的有序排列就会被打乱，与此相关的宏观磁力线在这个局域的地方也就不再存在。这种磁力线湮灭的过程被称为**磁重联 (magnetic reconnection)**。从能量的角度来看，磁重联过程就是一个将有序的磁势能转化为无序内能的过程，

图 6.2展示了对这个过程的数值模拟结果。回到我们所讨论的脉冲星风，其中的磁场一定会从某个位置开始发生重联。随着它向外流动，磁重联的程度就会越来越高，会有越来越多的磁能转化为内能，也就意味着坡印亭流内部的热压变得越来越大。在物质密度足够高的情况下，内能并不能够通过辐射得到及时释放，因此必将发生绝热膨胀，导致粒子流整体加速。随着坡印亭流中磁能逐渐耗尽，等离子体将被加速到极端相对论性。

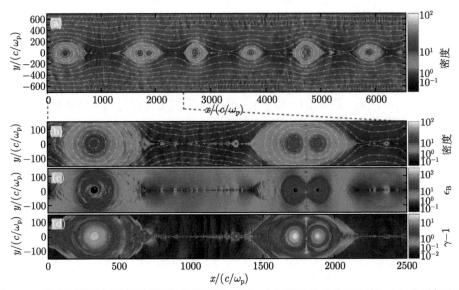

图 6.2　相对论性流体磁重联过程的数值模拟。(a)、(b) 展示的是粒子密度，(c) 为磁能密度，(d) 为每个粒子的动能。图源：文献 [120]

为了描述脉冲星风的加速，我们需在相对论性流体力学方程组中加入磁重联项，这在理论上十分困难。目前有不少细致但复杂的理论分析和数值模拟 (比如文献 [30])，但迄今未能完全解决。这里介绍一种由 G. Drenkhahn 在 2002 年提出的较为简单直观的参数化唯象方法 [31]。其核心思想是，引入参数 τ' 来表示随动系中磁重联发生的特征时标，它可以由重联区的尺度 λ' 除以磁重联发生的速度得到，即

$$\tau' = \frac{\lambda'}{\epsilon v'_{\rm A}} \tag{6.22}$$

这里假设磁重联速度正比于阿尔文速度 $v'_{\rm A}$，比例系数为常数 ϵ。可以想象在图 6.1中的阿基米德螺旋面上竖切一个截面，其形状将如图 6.3(a) 所示，磁力线在波浪状的中性面两边交替变向，故而我们可以将模型简化为如图 6.3(b) 所示的情况。考虑到磁力线缠绕以角频率 Ω 发生，故磁力线发生交替变向的空间尺度为

$\lambda = 2\pi c/\Omega = 2\pi r_{\rm L}$，其中 $r_{\rm L}$ 恰为中子星的光速圆柱半径。根据相对论变换，随动系的尺度为 $\lambda' = \Gamma\lambda$。再给定阿尔文速度之后，我们就可以给出重联时标，从而确定随动系磁场的耗散方程

$$\left(\frac{\partial B'_{\rightleftharpoons}}{\partial t'}\right)_{\rm rec} = -\frac{B'_{\rightleftharpoons}}{\tau'} \tag{6.23}$$

这里 $B_{\rightleftharpoons}$ 表示磁场中可以发生重联部分的分量。

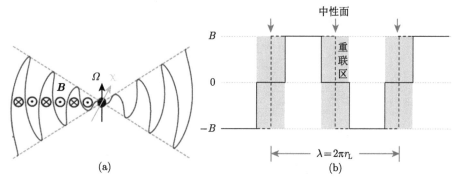

图 6.3　磁力线方向交替变换和重联区示意图

6.1.4　动力学演化

对于没有发生磁重联的理想磁流体，在稳态条件下其磁场随半径的变化应满足 $\frac{\partial B}{\partial t} = 0$ 和 $\frac{\partial(\beta r B)}{\partial r} = 0$。因此，磁场对时间的全导决定于随体导数部分

$$\frac{{\rm d}B}{{\rm d}t} = \frac{\partial B}{\partial t} + c\beta\frac{\partial B}{\partial r} = -\frac{cB}{r}\frac{\partial(r\beta)}{\partial r} \tag{6.24}$$

为了能够最终将磁重联引入方程，我们需要给出式 (6.24) 在随动系的形式。因此，根据

$$\frac{{\rm d}B}{{\rm d}t} = \frac{{\rm d}(\Gamma B')}{\Gamma {\rm d}t'} = \frac{{\rm d}B'}{{\rm d}t'} + \frac{B'{\rm d}\Gamma}{\Gamma {\rm d}t'} = \frac{{\rm d}B'}{{\rm d}t'} + \frac{B{\rm d}\Gamma}{\Gamma {\rm d}t} \tag{6.25}$$

及随体导数 $\frac{{\rm d}}{{\rm d}t} = c\beta\frac{\partial}{\partial r}$，可以得到

$$\frac{{\rm d}B'}{{\rm d}t'} = \frac{{\rm d}B}{{\rm d}t} - \frac{B{\rm d}\Gamma}{\Gamma {\rm d}t} = c\beta\frac{\partial B}{\partial r} - c\beta\frac{B}{\Gamma}\frac{\partial\Gamma}{\partial r} \tag{6.26}$$

同时，将式 (6.24) 代入式 (6.26)，还可以得到

$$\frac{{\rm d}B'}{{\rm d}t'} = -\frac{cB}{r}\frac{\partial(r\beta)}{\partial r} - c\beta\frac{B}{\Gamma}\frac{\partial\Gamma}{\partial r} = -\frac{cB}{\Gamma r}\frac{\partial(ru)}{\partial r} \tag{6.27}$$

该方程反映的是在没有耗散作用下，纯粹由于流体本身的流动效应而产生的随动系磁场变化。

结合 (6.27) 和 (6.23) 两式，我们可以给出发生磁重联的情况下随动系磁场的总变化为

$$\frac{\mathrm{d}B'_{\rightleftharpoons}}{\mathrm{d}t'} = -\frac{cB_{\rightleftharpoons}}{\Gamma r}\frac{\partial(ru)}{\partial r} - \frac{B_{\rightleftharpoons}}{\tau} \tag{6.28}$$

再结合式 (6.26)，可以有 $c\beta\dfrac{\partial B_{\rightleftharpoons}}{\partial r} - c\beta\dfrac{B_{\rightleftharpoons}}{\Gamma}\dfrac{\partial \Gamma}{\partial r} = -\dfrac{cB_{\rightleftharpoons}}{\Gamma r}\dfrac{\partial(ru)}{\partial r} - \dfrac{B_{\rightleftharpoons}}{\tau}$，由此可以得到本地固有参考系的磁场演化方程

$$\frac{\partial(\beta r B_{\rightleftharpoons})}{\partial r} = -\frac{r B_{\rightleftharpoons}}{c\tau} \tag{6.29}$$

因为 $\beta r B_{\rightleftharpoons} = \sqrt{(\beta r B)^2 - (\beta r B_{\Uparrow})^2}$，所以

$$\frac{\partial(\beta r B)^2}{\partial r} = -\frac{2}{\beta c\tau}\left[(\beta r B)^2 - \mu^2(\beta r B)_{\mathrm{i}}^2\right] \tag{6.30}$$

其中垂直于重联方向的分量 $\beta r B_{\Uparrow}$ 在星风的演化过程中保持不变，因此始终等于它的初值 $\mu(\beta r B)_{\mathrm{i}}$（用脚标 i 表示）。在赤道平面，比例系数 $\mu = \cos\chi$，χ 是中子星旋转轴和磁轴的夹角。更一般情况下 μ 的表达式会非常复杂。

在极端相对论情况下，我们取 $\beta \approx 1$，并将式 (6.30) 代入式 (6.16) 便可得到磁重联主导下的脉冲星风动力学演化方程

$$\frac{\mathrm{d}\Gamma}{\mathrm{d}r} = \frac{1}{2\pi\dot{M}c^2\tau}\left[(rB)^2 - \mu^2(rB)_{\mathrm{i}}^2\right] \tag{6.31}$$

再利用下述代换

$$\frac{(rB)^2}{4\pi} = \frac{L}{c} - \Gamma\dot{M}c = \frac{L}{c} - \Gamma\frac{L}{c\sigma_{\mathrm{i}}^{3/2}} = \frac{L}{c}\left(1 - \frac{\Gamma}{\sigma_{\mathrm{i}}^{3/2}}\right) \tag{6.32}$$

可将动力学方程进一步改写为

$$\frac{\mathrm{d}\Gamma}{\mathrm{d}r} = \frac{2L}{\dot{M}c^3\tau}\left[\left(1 - \frac{\Gamma}{\sigma_{\mathrm{i}}^{3/2}}\right) - \mu^2\left(1 - \frac{\Gamma_{\mathrm{i}}}{\sigma_{\mathrm{i}}^{3/2}}\right)\right] \tag{6.33}$$

当 $\mathrm{d}\Gamma/\mathrm{d}r = 0$ 时，Γ 达到最大值，可解得

$$\Gamma_{\max} = (1 - \mu^2)\sigma_{\mathrm{i}}^{3/2} + \mu^2(1 + \sigma_{\mathrm{i}})^{1/2} \tag{6.34}$$

从量级上讲，有 $\Gamma_{\max} \sim \sigma_i^{3/2}$（即 σ_m），此时可释放的磁能已几乎全部转化成星风动能。

当 $\Gamma \ll \Gamma_{\max}$ 时，式 (6.33) 可简化为

$$\frac{\mathrm{d}\Gamma}{\mathrm{d}r} \approx \frac{2L}{\dot{M}c^3\tau} \approx \frac{\sigma_i^{3/2}\epsilon}{\pi r_L \Gamma^2} \propto \Gamma^{-2} \tag{6.35}$$

其中 $\tau = \Gamma\tau' = 2\pi r_L \Gamma^2/\epsilon c$。于是，我们可以得到磁重联加速下脉冲星风洛伦兹因子的增长函数

$$\Gamma = \Gamma_i \left(1 + \frac{3\epsilon\sigma_i^{3/2}}{\pi\Gamma_i^3}\frac{r}{r_L}\right)^{1/3} \approx \left(\frac{3\epsilon\sigma_i^{3/2}}{\pi}\frac{r}{r_L}\right)^{1/3} \tag{6.36}$$

据此可以得到星风加速的饱和半径

$$r_{\mathrm{sat}} = \frac{\pi\Gamma_{\max}^3}{3\epsilon\sigma_i^{3/2}}r_L \sim \frac{\pi\sigma_i^3}{3\epsilon}r_L \tag{6.37}$$

观测表明，星风最终的洛伦兹因子 $\Gamma_{\max}$ 可以高达 $10^4 \sim 10^6$，意味着 σ_i 为 $10^3 \sim 10^4$。因而，可以看到，加速饱和半径 r_{sat} 的值可能比光速圆柱半径大十个量级。这说明磁重联导致的加速过程发生得十分缓慢，需要达到很大的半径才能将磁能完全转化为动能。但是，有些观测显示，星风在撞击超新星遗迹之前很可能早已完成了加速，说明加速过程发生得比较快。这种有关脉冲星风理论和观测的矛盾一般被称作 σ 问题。为了得到更快的星风加速，需要引入更多的机制。比如，外界环境对星风的形状约束可能导致更大的磁压梯度。又比如，星风不一定是均匀的连续流体，而是由很多分立的等离子团块组成。团块之间很可能存在较大的速度差而导致大量的内部碰撞，诱使磁重联在碰撞所导致的激波区域快速发生 (称为 ICMART 机制)[237]。

6.2　激　波

6.2.1　跳跃条件

无论脉冲星风是如何加速的，它的形成是不可否认的事实。鉴于星风的极端相对论性速度，我们非常关心它向外运动可能导致的效果，特别是可能造成的辐射效应。当高速运动物体撞击到静止或者低速的物质上时，如果速度差超过了被撞物质的声速，就会产生所谓**激波 (shock wave)** 的现象。这种物理过程广泛存在于各类天文现象中，其中就包括脉冲星风和外部物质的相互作用。

为了说明激波的物理含义，我们不妨来思考一个思想实验。在如图 6.4所示的一个盒子中，开始装满了密度为 n_1 的气体。当我们用一个活塞缓慢压缩这些气

体时，盒子中的气体体积将减小，密度将增大。并且，我们通常会觉得气体的压缩在盒子中是瞬间同时地均匀地发生的。然而，实际情况是，活塞压缩的只是最靠近其表面的一层气体，其他部分的气体被压缩则取决于这种压缩"信号"(即一种机械波) 由外向内的传播。机械波的传播速度也即这种气体的声速。因此，如果以高于声速的速度向内推动活塞，我们将看到完全不同的气体压缩景象。此时，被活塞所扫过的气体将全部附着在活塞表面。而在活塞尚未运动到的地方，其气体将完全保持初始状态。在这两种气体之间将出现一个明确的密度间断面，这个面即为**激波面 (shock front)**。对于激波所扫过的物质 (称为波后物质)，除了密度会升高之外，同时也会获得很大的内能，它转化自活塞的动能。为了理解这一点，不妨让我们站在激波面的固定参考系上，我们将看到大量的波前物质以活塞的速度迎面而来。而一旦这些物质越过激波面到达我们身后，它们则将马上与波后物质发生碰撞、融为一体而停止运动。此时，气体原先的宏观运动动能全部转化为气体粒子的无规运动动能 (即内能)，总能量保持守恒。因此，我们可以知道，波后物质的无规运动速度就与激波的运动速度大致相当。基于上述认识，人们常常用波速和波前物质声速的比值

$$M = \frac{v}{c_s} = \frac{v}{(\hat{\gamma}P/\rho)^{1/2}} = \left(\frac{\rho v^2}{\hat{\gamma}P}\right)^{1/2} \tag{6.38}$$

来描述激波的强度，该比值称为**马赫数 (Mach number)**，其中 $\hat{\gamma}$ 是气体的绝热指数。

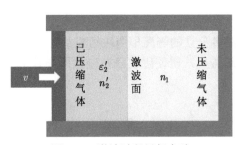

图 6.4   激波过程思想实验

根据严格的流体力学推导，我们可以得到激波面后物质粒子数密度 n_2、能量密度 e_2 和波前物质密度 n_1 之间的关系，称为 **Rankine-Hugoniot 激波跳跃条件**。对于马赫数 $M \gg 1$ 的强激波，在波前物质非磁化的情况下，我们有 [122]

$$\frac{n_2}{n_1} = \frac{\hat{\gamma} + 1}{\hat{\gamma} - 1} \tag{6.39}$$

$$e_2 = \frac{2}{\hat{\gamma}^2 - 1} m n_2 v^2 = \frac{2}{(\hat{\gamma} - 1)^2} m n_1 v^2 \tag{6.40}$$

其中，m 是气体粒子质量，v 是激波运动速度。对于相对论性和非相对论性气体，分别有 $\hat{\gamma} = 4/3$ 和 $\hat{\gamma} = 5/3$。如果激波的宏观运动速度是相对论性的，那么上述跳跃条件可改写为[123]

$$\frac{n_2'}{n_1'} = \frac{\hat{\gamma}\Gamma + 1}{\hat{\gamma} - 1} \tag{6.41}$$

$$e_2' = \Gamma m n_2' c^2 = \frac{(\hat{\gamma}\Gamma + 1)\Gamma}{\hat{\gamma} - 1} m n_1' c^2 \tag{6.42}$$

这里假设波前物质是冷的，带撇的字母为随动参考系中的物理量，Γ 表示激波相对于波前物质的洛伦兹因子。对于实际的天体物理问题，所涉及的流体几乎都是高度电离的等离子体，并且宇宙空间中还无处不存在磁场 (如星际磁场的强度大约为几 μG)。因此，对于天体物理中的激波而言，在它对等离子体进行压缩的同时，也会压缩磁场使其强度增大。并且，等离子体在磁场中的流动还会引发一些微观上的不稳定性，进而使磁场进一步放大。如图 6.5 所示，当带电粒子冲入激波面 (纸面) 时，在激波面原有磁场的影响下，正负电荷将发生局部分离，形成方向相反的电流。而由这些电流感生而成的磁场又恰好与原磁场方向一致，形成正反馈，引发所谓的 Weibel 不稳定性，使磁场显著放大。此外，如果波前物质磁场非常强，那么除了考虑磁场放大效应，还需要改写激波跳跃条件[238]。

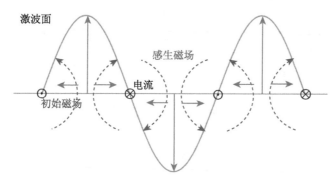

图 6.5　粒子流穿过激波面 (纸面) 时的磁场放大效应

6.2.2　粒子的加速

相对论性激波被认为是宇宙中极高能粒子的主要产生之所，它对带电粒子的加速作用也使其能够发出非常宽波段的电磁辐射。一种主流的观点认为，带电粒子的加速主要是通过在激波面两边不断地来回穿梭而实现的，称为**费米加速 (Fermi acceleration)** 机制。如图 6.6 所示，当能量为 ε_1 的带电粒子冲入一块高速运动的"磁云"(具有强磁场的区域) 后，它将在磁云内部转变方向再穿出磁云，此时能量变为 ε_2。出射能量可以用如下三式确定：

$$\varepsilon_1' = \Gamma\varepsilon_1(1 - \beta\cos\theta_1)$$

$$\varepsilon_2 = \Gamma\varepsilon_2'(1 + \beta\cos\theta_2') \tag{6.43}$$

$$\varepsilon_2' = \varepsilon_1'$$

其中 Γ 为磁云的洛伦兹因子。带电粒子经过这样一次和磁云的碰撞后，它的能量将发生如下改变：

$$\xi = \frac{\varepsilon_2 - \varepsilon_1}{\varepsilon_1} = \frac{1 - \beta\cos\theta_1 + \beta\cos\theta_2' - \beta^2\cos\theta_1\cos\theta_2'}{1 - \beta^2} - 1 \tag{6.44}$$

考虑大量粒子的随机入射，如果将碰撞概率 $(1 - \beta\cos\theta_1)$ 对 4π 立体角求平均，我们将得到 $\langle\xi\rangle = \frac{4}{3}\beta^2$，这种情况称为随机加速，它是一种二阶费米加速机制。但是，对于激波过程，粒子无论从上游进入下游还是下游进入上游，它和磁云之间均是 "迎头碰" (同侧进出)，因此只需对 2π 立体角求平均，其结果将导致更加有效的一阶费米加速，即有 [239]

$$\langle\xi\rangle = \frac{4}{3}\beta \tag{6.45}$$

因此，如果粒子能够在激波面穿越 n 次，也就意味着发生了 n 次与磁云的碰撞，相应的能量就可以增长为

$$\varepsilon_n = \varepsilon_0(1 + \xi)^n \tag{6.46}$$

当然，穿梭的次数越多，其发生的概率就越小。换句话说，能量越高的粒子相应的数目就越少。记每次从激波区逃逸的概率为 p_{esc}，则粒子经过 n 次以上逃逸加速到 ε_n 以上能量的概率为

$$f(> \varepsilon_n) = \sum_{m=n}^{\infty}(1 - p_{\text{esc}})^m = \frac{(1 - p_{\text{esc}})^n}{p_{\text{esc}}} \tag{6.47}$$

具体的分布情况有赖于细致的计算机模拟。

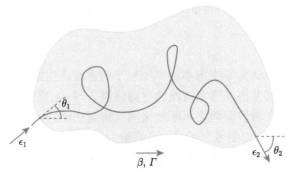

图 6.6　带电粒子和 "磁云" 的碰撞

总的来说，在发生激波加速之前，波后物质无规运动的速率应满足麦克斯韦速率分布律

$$\frac{\mathrm{d}n}{\mathrm{d}\beta} = \sqrt{\frac{2}{\pi}} \frac{\beta^2}{\Theta^{3/2}} \exp\left(-\frac{\beta^2}{2\Theta}\right) \tag{6.48}$$

或其相对论性形式

$$\frac{\mathrm{d}n}{\mathrm{d}\gamma} = \frac{\gamma^2 \beta}{\Theta K_2\left(\Theta^{-1}\right)} \exp\left(-\frac{\gamma}{\Theta}\right) \tag{6.49}$$

其中，$\Theta = kT/mc^2$，$K_2(x)$ 是第二类修正贝塞尔函数。但是，经过激波加速后，高能段分布将由指数衰减转变为近似幂律衰减，如图 6.7 所示。在激波为极端相对论性的情况下，幂律分布将取代相对论性麦克斯韦分布而成为粒子能量分布的主要形式

$$\frac{\mathrm{d}n}{\mathrm{d}\gamma} \propto \gamma^{-p} \tag{6.50}$$

其中指数 p 的取值被认为最可能在 $2 \sim 3$(不过也不排除其他情况)。高能带电粒子 (主要是电子) 和磁场的同时存在无疑将导致强烈的同步辐射以及同步辐射光子和高能电子之间的逆康普顿散射，从而产生丰富的激波电磁辐射。

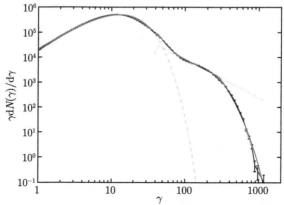

图 6.7　数值模拟给出的受相对论性激波加速后电子谱 (黑色数据点)。黄色虚线为麦克斯韦分布，蓝色点划线为幂律分布，红色实线则为综合这两种成分的拟合，并加入了高能指数截断。
图源：文献 [124]

6.3　脉冲星风云

当一颗恒星发生超新星爆发 (详见第 10 章) 形成中子星后，爆发产生的抛射物将和**星际介质 (interstellar medium)** 发生猛烈的碰撞。该碰撞除了在星际介质中激发一个径向向外运动的正向激波外，还会在抛射物内部形成一个在固定

参考系中向内运动的反向激波。正向激波不断扫积和热化星际介质，逐渐将抛射
物的动能转化为星际介质的内能，形成**超新星遗迹 (supernova remnant)**。在
此基础上，相对论性的脉冲星风将在超新星遗迹内部急剧扩张，吹出一个**星风泡
(wind bubble)**。具体来说，当脉冲星风击打在厚厚的超新星抛射物上时，会在
抛射物中再次激发一个激波。与此同时，击打抛射物的反弹作用则会在脉冲星风
内部形成一个使其急剧减速的终止激波，减到和超新星遗迹一样的速度。因此，被
激波化的星风物质将变得非常热，能够发出强烈的电磁辐射，从而在超新星遗迹
中形成明亮的**脉冲星风云 (pulsar wind nebula)**。蟹状星云内的 X 射线辐射便
主要来自于此。图 6.8 展示了超新星遗迹和脉冲星风云总体的结构，包括各部分的
典型尺度和相应的物质密度。在确定了不同区域内的电子分布和磁场情况后，我
们便可以计算其电磁辐射性质。

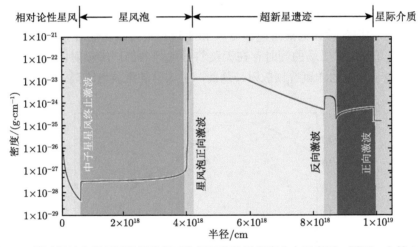

图 6.8　脉冲星风和超新星抛射物相互作用下的物质密度分布示意图。图源：文献 [125]

　　对于不太年轻的中子星，通过长时间 (大于数万年) 的自行运动，它将离开其
所属的超新星遗迹而进入星际空间。此时，脉冲星风将直接与星际介质发生相互
作用，除了星风内部的终止激波外，还将在星际介质中驱动一个外向的激波。由
于中子星的高速自行，激波将呈现出**弓形激波 (bow shock)** 的形态。图 6.9 展示
了脉冲星杰敏卡 (Geminga) 和 PSR B0355+54 自行产生弓激波的 X 射线观测结
果，其中还同时存在着来自脉冲星两极粒子外流所产生的辐射 (如艺术效果图所
示)。这种时候，随着星风云中磁场的减弱，高能的正负电子对较容易摆脱星风云
的约束而逃逸并扩散到数十到上百秒差距的范围内。这些高能电子将在那里和宇
宙微波背景光子和星系内红外背景光子发生逆康普顿散射而产生 GeV 到 TeV 能
段的辐射，形成一个围绕在脉冲星及其星风云外围的高能辐射晕，可称为**脉冲星**

晕 (pulsar halo) [129]。脉冲星晕的具体几何形态非常依赖于高能电子在星际介质中的扩散系数和扩散机制，同时也依赖于观测能段 (取决于相应电子的冷却时标和中子星自行动力学时标之间的关系) [128]。

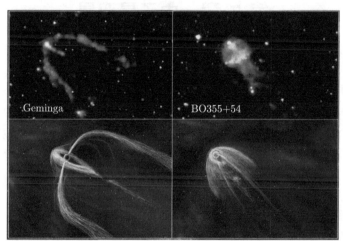

图 6.9　脉冲星在星际介质中自行产生的弓激波辐射 (上面为 Chandra 望远镜的观测结果，下面为艺术效果图)。图源：文献 [126, 127]

第 7 章 中子星双星

7.1 双星轨道

7.1.1 开普勒定律

宇宙中大约有一半以上的恒星处于**双星 (binary)** 系统中，而现有全部脉冲星样本中则有 5% 左右与主序恒星组成双星。如图 7.1所示，两颗星在万有引力的作用下围绕着它们的公共质心做轨道运动，其运动决定于如下动力学方程：

$$M_1\ddot{r}_1 = -\frac{GM_1M_2}{r^2}\boldsymbol{e}_{r_1} \tag{7.1}$$

$$M_2\ddot{r}_2 = -\frac{GM_1M_2}{r^2}\boldsymbol{e}_{r_2} \tag{7.2}$$

其中，M_1 和 M_2 (令 $M_2 \geqslant M_1$) 是两颗星的质量，r_1 和 r_2 则是它们相对于质心的矢径 ($\boldsymbol{e}_{r_1}$ 和 $\boldsymbol{e}_{r_2}$ 是对应的单位矢量)。两星的质心距离满足关系

$$\frac{|\boldsymbol{r}_1|}{|\boldsymbol{r}_2|} = \frac{r_1}{r_2} = \frac{M_2}{M_1} \tag{7.3}$$

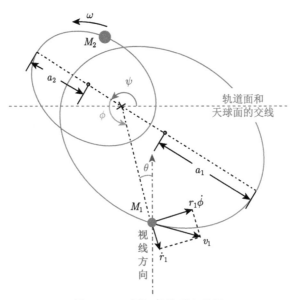

图 7.1　双星运动的质心轨道

而两星之间的相对距离则为 $r = |\boldsymbol{r}_1 - \boldsymbol{r}_2| = r_1 + r_2$，这是因为两星始终处于质心的两端。基于这些关系，我们可以写出描述两星相对运动的动力学方程

$$\mathcal{M}\ddot{r} = -\frac{GM_1M_2}{r^2}\boldsymbol{e}_r = -\frac{G\left(M_1 + M_2\right)}{r^2}\mathcal{M}\boldsymbol{e}_r \tag{7.4}$$

其中 $\mathcal{M} = M_1M_2/(M_1 + M_2)$ 为系统的约化质量。该式意味着双星相对运动可以等效为一个质量为 $\mathcal{M}$ 的物体在另一个质量为 $(M_1 + M_2)$ 物体的有心力场中的运动。

双星中的一颗星在另一颗星固定参考系中的运动轨道，称为相对轨道，它可以从方程 (7.4) 解出 (可参考《分析力学》中有关有心力场中运动的计算 [65])：

$$r = \frac{a\left(1 - e^2\right)}{1 + e\cos\phi} \tag{7.5}$$

它表示一个**半长径 (semi-major axis)** 为 a、**偏心率 (eccentricity)** 为 e 的椭圆轨道，这就是开普勒第一定律。其中的相位角 ϕ 是以近星点为零点的角度，称为**真近点角 (true anomaly)**。可以看到，$a(1 + e)$ 和 $a(1 - e)$ 给出的分别是两星之间的最长距离和最短距离。在 $e = 0$ 的情况下，a 就表示固定不变的双星距离。求解得到式 (7.5) 的时候，我们还可以同时得到单位质量的角动量 [65]

$$L = \left[G(M_1 + M_2)a(1 - e^2)\right]^{1/2} \tag{7.6}$$

角动量的守恒将决定星体在单位时间内相对于质心所扫过的面积相等，即开普勒第二定律。根据这个结果，可以通过对轨道的积分进一步得到开普勒第三定律，即

$$\omega^2 a^3 = G\left(M_1 + M_2\right) \tag{7.7}$$

其中的平均角频率 ω 由轨道的周期决定，即 $\omega = 2\pi/P$。据此，我们可以通过观测双星的轨道周期来估算双星间的半长径为

$$a = 0.02\left(\frac{M_1 + M_2}{M_\odot}\right)^{1/3} P_{\text{day}}^{2/3}\text{AU} \tag{7.8}$$

同时，还可以把单位质量角动量写为 $L = \omega a^2(1 - e^2)^{1/2}$。

利用式 (7.5)，我们可以得到两星相对运动的轨道速度为

$$v = \sqrt{\dot{r}^2 + (r\dot{\phi})^2} = \frac{L}{l}\left(e^2 + 1 + 2e\cos\phi\right)^{1/2}$$

$$= \left[\frac{L^2}{l}\left(\frac{2}{r} - \frac{1}{a}\right)\right]^{1/2} \tag{7.9}$$

其中

$$\dot{r} = \frac{\mathrm{d}r}{\mathrm{d}\phi}\dot{\phi} = \frac{re\sin\phi}{1 + e\cos\phi}\dot{\phi}$$

$$= \frac{L}{l}e\sin\phi \tag{7.10}$$

$$r\dot{\phi} = \frac{L}{l}(1 + e\cos\phi) \tag{7.11}$$

其中已将 $r^2\dot{\phi}$ 项缩写为单位质量的轨道角动量 L，并令 $l \equiv a(1 - e^2)$。

7.1.2　轨道参数的测量

在实际观测中，直接"看到"的将是两个星体相对于质心运动的轨道，称为质心轨道。它们和相对轨道具有同样的偏心率，且它们的半长径之间满足如下关系：

$$a_1 + a_2 = a \tag{7.12}$$

$$\frac{a_1}{a_2} = \frac{M_2}{M_1} \tag{7.13}$$

更具体来讲，受限于观测能力，即使是这些质心轨道，常常也是无法分辨的，实际真正能够被测量的只是星体发出来的光所受到的轨道调制。对于恒星来说，它发出来的光将由于恒星在视向的运动而产生**多普勒效应 (Doppler effect)**，引起辐射频率和波长的变化

$$\frac{\lambda - \lambda_0}{\lambda_0} = \frac{\Delta\lambda}{\lambda_0} = \left(\frac{1 + v_r/c}{1 - v_r/c}\right)^{1/2} - 1 \approx \frac{v_r}{c} \tag{7.14}$$

其中 v_r 是星体轨道运动速度在视向的分量。不过，对于本章关心的由中子星和恒星所组成的双星系统，如果距离足够远，恒星本身常是不可见的，因此无法测量谱线。我们能够测量的只是轨道运动对脉冲星脉冲到达时间的多普勒影响：

$$\delta t_{\mathrm{rec}} = \delta t_{\mathrm{em}}\left(1 + \frac{v_r}{c}\right) \tag{7.15}$$

其中 δt_{em} 是发射时的脉冲周期，而 δt_{rec} 则为测量到的周期。1974 年，R. A. Hulse 和 J. H. Taylor 发现了第一个脉冲星双星系统 PSR B1913+16，因而人们能够精确测量此类双星系统的轨道参数乃至星体的质量 [34]。图 7.2((a) 中的 × 形数据点) 展示了该脉冲星视向速度的观测结果 (一个轨道周期)，我们将以此为例子展示限制双星轨道参数的过程。

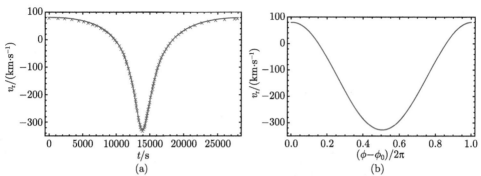

图 7.2 脉冲星 PSR B1913+16 的视向速度随时间 (a) 和相位 (b) 的周期性变化。观测数据
来源：文献 [75]

一方面，如图 7.1所示，视向速度可以计算为

$$v_\mathrm{r} = \sin i[-\dot{r}\cos\theta + (r\dot{\phi})\sin\theta]$$
$$= \sin i[\dot{r}\sin(\phi+\psi) + (r\dot{\phi})\cos(\phi+\psi)]$$
$$= K[\cos(\phi+\psi) + e\cos\psi] \tag{7.16}$$

其中，$\theta = \phi + \psi - \dfrac{3\pi}{2}$，$K \equiv L\sin i/l = \omega a\sin i/\sqrt{1-e^2}$。角度 ψ 定义为近星点
所在主轴相对于轨道天球交线 (即交点线 (line of nodes)) 的张角，称为**近星点角
(argument of periapsis)**[1]。在图 7.1 中，为了简单起见，把双星轨道假设为跟
天球面相互垂直，然而两者间现实的夹角 i (称为**轨道倾角 (inclination)**) 应该
是随机的，因此需加入 $\sin i$ 项，以表示轨道平面在视线方向的投影。此外，如果
双星系统还具有共同的自行速度，那么式 (7.16) 还应加上一个常数项。与此同时，
轨道相位对时间的依赖关系可由下式给出

$$\dot{\phi} = \frac{2\pi}{P(1-e^2)^{3/2}}(1 + e\cos\phi)^2 \tag{7.17}$$

它是式 (7.11) 的变形。通过求解方程 (7.17) 得到 $\phi(t)$，再代入式 (7.16)，我们便
可以得到描述 $v_\mathrm{r}(t)$ 的理论曲线。

另一方面，从数据中首先可以直接得到双星的轨道周期 $P = 0.323$ 天以及平
均角速度 $\omega = 2\pi/P$；其次，我们可以从数据中读出视向速度的最大值 $v_\mathrm{r,max}$ 和
最小值 $v_\mathrm{r,min}$(负值)，它们分别对应 $\phi + \psi = 0$ 和 $\phi + \psi = \pi$ 时的情形。因为前述
针对相对轨道的计算同样适用于质心轨道，因此根据式 (7.16) 我们可以得到脉冲

---

[1] 在双星有关文献中近星点角常用符号 ω 表示，它的变化率记为 $\dot{\omega}$，是双星系统最重要的后牛顿参数之一。
此处采用 ψ 是为了区别于平均轨道角频率。

星轨道满足的关系

$$K = \frac{\omega a_1 \sin i}{\sqrt{1 - e^2}} = \frac{v_{1r,max} - v_{1r,min}}{2} \tag{7.18}$$

$$e \cos \psi = \frac{v_{1r,max} + v_{1r,min}}{v_{1r,max} - v_{1r,min}} \tag{7.19}$$

此处我们用脚标 "1" 代表脉冲星。通过这两个方程，原则上我们就可以解得 ψ、e 和 $a_1 \sin i$ 三个未知数中的两个。其中 $a \sin i$ 作为一个整体参数，是因为观测数据来自轨道面在视线方向的投影而无法用之限制 $\sin i$ 的值。最后，观测数据实际上还给出了视向速度随时间的具体演化行为 (反映的正是开普勒定律的限制)，其对参数的限制可以通过计算面积的方式表达为 [75]

$$e \sin \psi = 2 \frac{\sqrt{|v_{1r,max} v_{1r,min}|}}{v_{1r,max} - v_{1r,min}} \frac{(\Delta_d - \Delta_u)}{(\Delta_d + \Delta_u)} \tag{7.20}$$

其中 Δ_u 表示视向速度曲线图中从速度最大值到速度为零之间线下区域的面积，而 Δ_d 则表示速度最小值到速度为零线上区域的面积。

在数值计算方法得以广泛应用的今天，实际上可以通过直接拟合观测数据来达到限制参数的目的。具体做法是，在取定一组参数值后，通过 (7.16) 和 (7.17) 两式计算出 v_{1r} 关于时间的理论变化曲线，再将该曲线和观测数据对比以评估其拟合好坏程度。最后，可利用**马尔可夫链蒙特卡罗 (Markov Chain Monte Carlo, MCMC) 方法**[130] 对参数空间进行扫描，从而实现对参数的限制。图 7.3 展示了针对 PSR B1913+16 的计算结果，其给出的最佳拟合参数为①

$$\psi = 178°, \ e = 0.61, \ a_1 \sin i = 7.2 \times 10^5 \ \text{km} \tag{7.21}$$

与这些值对应的拟合曲线和相应的轨道相位变化示于图 7.2 中。

最后，根据方程 (7.18)，我们还可以进一步给出双星质量所应该满足的关系：

$$f_M = \frac{M_2^3 \sin^3 i}{(M_1 + M_2)^2} = K^3 \frac{P (1 - e^2)^{3/2}}{2\pi G} = 0.14 M_\odot \tag{7.22}$$

该式称为**质量函数 (mass function)**。它可以和开普勒定律一起确定双星各自的质量，但前提是需要先确定 $\sin i$ 的值。对 a 和 $\sin i$ 之间的简并破除依赖于对广义相对论效应的测量。

① 因为此处仅使用了一组观测数据，所以限制得到的参数与目前最精确的测量结果之间略有差别 [131]。

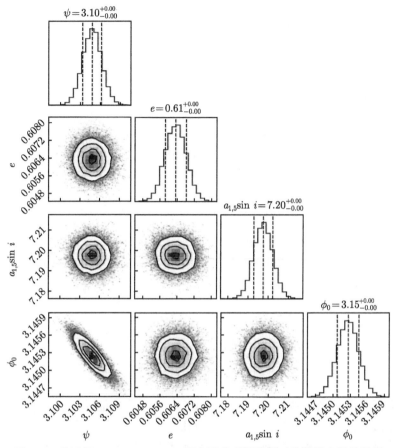

图 7.3 脉冲星 PSR B1913+16 视向速度观测数据对其轨道参数的限制

7.1.3 广义相对论效应

处于双星系统中的脉冲星，其脉冲到达时间除了受到轨道多普勒效应的调制外，还会由于伴星的引力场而产生红移效应，相应的时间延迟称为 **Shapiro 时延**，如图 7.4所示。这个时候，方程 (7.15) 需改写为

$$\delta t_{\mathrm{rec}} = \delta t_{\mathrm{em}} \left(1 + \frac{v_{1\mathrm{r}}}{c}\right) \left(1 - \frac{v_1^2}{c^2}\right)^{-1/2} \left(1 - \frac{GM_2}{rc^2}\right)^{-1}$$

$$\approx \delta t_{\mathrm{em}} \left(1 + \frac{v_{1\mathrm{r}}}{c} + \frac{1}{2}\frac{v_1^2}{c^2} + \frac{GM_2}{rc^2}\right) \tag{7.23}$$

其中，v_1 是脉冲星的总线速度，M_2 是伴星质量。方程右边除了表示轨道多普勒效应的第一个括号外，第二个括号是狭义相对论效应，而第三个括号则是根据史瓦西度规给出的引力红移效应。

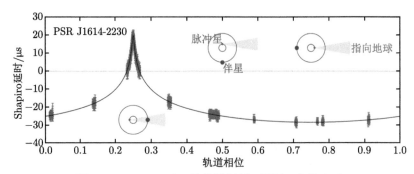

图 7.4　Shapiro 时延的轨道调制。图源：文献 [49]

对于相对论效应引起的时延，根据式 (7.9) 我们可以写出

$$\frac{1}{2}v_1^2 + \frac{GM_2}{r} = \frac{\omega^2 a_1^2}{2(1-e^2)}(1 + 2e\cos\phi + e^2) + \frac{GM_2^2}{(M_1+M_2)r_1}$$

$$= \beta\cos\phi + C \tag{7.24}$$

其中

$$\beta \equiv \frac{GM_2^2(M_1 + 2M_2)e}{(M_1+M_2)^2 a_1(1-e^2)} \tag{7.25}$$

C 代表和相位无关的常数项。上式告诉我们，如果我们能够通过时延测量得到 β 的值，那么就得到了一个关于双星质量的独立方程。但问题是，式 (7.24) 具有和式 (7.16) 协同一致的相位依赖，这将导致观测上无法对它们进行分离。幸运的是，广义相对论效应除了导致 Shapiro 时延外，还会使双星轨道发生进动，即近星点角 ψ 将随时间发生变化。当把含时的 $\psi = \psi_0 + \dot{\psi}t$ 代入式 (7.16) 后，它和式 (7.24) 之间的简并就可以破除。对于 PSR B1913+16，人们测得 $\dot{\psi} = 4.2°/\mathrm{yr}$，因此人们可以通过年量级的观测来实现对 β 值的测量，进而最终得到双星各自的质量。所以，Shapiro 时延是当前脉冲星质量测量的一种重要手段。

近星点发生进动的原因是时空弯曲导致对时间的求导产生了空间依赖，从而使椭圆轨道无法封闭，此处略去相关的推导 (具体可参考文献 [132])。其结果为 [69]

$$\dot{\psi} = \frac{6\pi GM_2}{a_1(1-e^2)Pc^2} = \frac{3G^{2/3}(M_1+M_2)^{2/3}}{(1-e^2)c^2}\left(\frac{2\pi}{P}\right)^{5/3} \tag{7.26}$$

近星点的进动一方面破除了 Shapiro 时延和多普勒时延之间的简并，另一方面实际上直接提供了一个关于 (M_1+M_2) 的方程，从而使得星体质量的测量更加精确。

7.2 物质吸积和高能辐射

7.2.1 洛希等势面族

双星系统中如果两颗星靠得足够近以致可以发生相互之间的物质交流，通常被称为**密近双星 (close binary)**。在这种情况下，中子星会从它的主序伴星那里吸积物质，导致 X 射线辐射。在与双星共转的参考系中 (图 7.5)，双星周围的物质一方面受到双星的万有引力作用，另一方面还受到离心惯性力的作用，因此其总的势能 (称为**洛希势能 (Roche potential)**) 可写为

$$\Psi = -\frac{GM_1}{\sqrt{x^2+y^2+z^2}} - \frac{GM_2}{\sqrt{(x-a)^2+y^2+z^2}} - \frac{1}{2}\omega^2\left[(x-\mu a)^2+y^2\right] \quad (7.27)$$

其中 $\mu = q/(1+q)$ 和 $q = M_2/M_1$。图 7.6中画出了一组洛希势能的等势面，其中 x-y 平面取 $z=0$, x-z 平面取 $y=0$。在非常靠近星体的地方，两个星体具有各自独立的等势面。在非常远离双星系统的地方，公共的等势面接近于圆。**洛希等势面**的梯度反映了有效力 (引力和离心力的合力) 的大小。有五个位置的有效力为零 (平衡点)，称为**拉格朗日点 (Lagrangian point)**。其中 L_1、L_2、L_3 为不稳定平衡点 (鞍点)，L_4 和 L_5 为稳定平衡点。

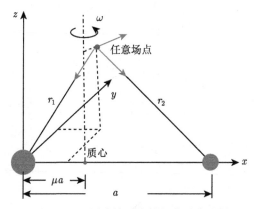

图 7.5 双星共转系中的场点受力分析

两个星体各自独立的等势面在 L_1 处首次相接，形成了第一个公共的等势面，这个倒 8 字的等势面称为**洛希瓣 (内临界等势面)**。洛希瓣并不是一个球形，通常用一个等效的**洛希半径**来描述其大小。洛希半径和双星距离之间的关系决定于质量比，具体表达式需通过数值方法得到，如 [133]

$$\frac{R_c}{a} = \frac{0.49q^{2/3}}{0.69q^{2/3}+\ln\left(1+q^{1/3}\right)} \quad (7.28)$$

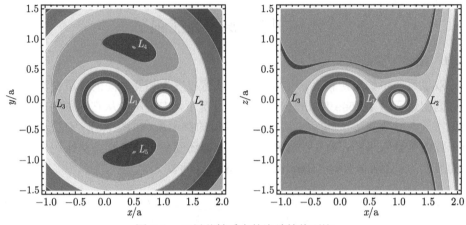

图 7.6   双星共转系中的洛希等势面族

当主序伴星向外抛射的物质逐渐充满洛希瓣后，这些物质就可通过 L_1 点进入中子星的引力势范围。尤其是当主序伴星演化为一颗巨星的时候，其包层将充满整个洛希瓣，可越界的物质就更多。无论如何，对于中子星而言，这些越过 L_1 点的物质仍然维持着原有的轨道运动，因而具有较大的角动量，并不会被中子星直接吸引到表面。但是，物质流内部的耗散过程将使轨道角动量逐渐损失，从而使其轨道半径逐渐减小，这个过程称作**吸积 (accretion)**。这些连续下落的物质流因具有盘状的结构，而被称为**吸积盘 (accretion disc)**，如图 7.7所示。

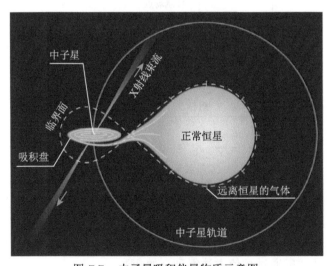

图 7.7   中子星吸积伴星物质示意图

7.2.2　吸积盘

由于内耗散的时间很长，吸积盘中物质下落的过程发生得非常缓慢。在这非常漫长的时间内，物质元的轨道会逐渐圆化，从椭圆演变为近似正圆，以尽可能降低物质的势能。因此，吸积盘上物质的运动一般可视作近圆轨道的开普勒运动，具有角速度

$$\Omega = \left(\frac{GM}{r_{\text{cir}}^3}\right)^{1/2} \tag{7.29}$$

和 (单位质量的) 总能量

$$E = \frac{v^2}{2} - \frac{GM}{r_{\text{cir}}} = -\frac{GM}{2r_{\text{cir}}} \tag{7.30}$$

因此，当单位时间内流向中子星的物质流量为 $\dot{M}$(称为**吸积率**) 时，整个吸积盘单位时间内所释放出来的能量可以由物质流从足够高处下落到中子星表面的势能差来表示

$$L_{\text{disk}} = \frac{GM\dot{M}}{2R} = 6.6 \times 10^{36} \left(\frac{M}{M_\odot}\right) \dot{M}_{17} R_6^{-1} \text{ erg} \cdot \text{s}^{-1} \tag{7.31}$$

其中 R 为中子星半径 (假设物质流可以顺利落到中子星表面)。这些能量占吸积流全部引力势能的一半，另一半则以吸积流的动能形式存在，需要等到吸积流和中子星发生相互作用时才能被部分释放出来。

吸积盘被耗散的势能首先转化为内能，然后通过辐射释放。如果从单个粒子能量转化的角度，我们可以估计粒子的温度为

$$T \sim \frac{GMm_{\text{p}}}{3k_{\text{B}}R} = 5.4 \times 10^{11} \left(\frac{M}{M_\odot}\right) R_6^{-1} \text{ K} \tag{7.32}$$

它意味着吸积盘可能发出非常高能的辐射。不过，考虑到吸积盘极可能是光学厚的，辐射存在热化，因此它的温度更可能接近如下黑体温度：

$$T_{\text{BB}} \sim \left(\frac{L_{\text{disk}}}{\sigma\pi R^2}\right)^{1/4} = \left(\frac{GM\dot{M}}{2\sigma\pi R^3}\right)^{1/4}$$

$$= 1.4 \times 10^7 \left(\frac{M}{M_\odot}\right)^{1/4} \dot{M}_{17}^{1/4} R_6^{-3/4} \text{ K} \tag{7.33}$$

这里认为最主要的辐射发生在最小的半径处。当然，实际的吸积盘温度肯定是随其半径而变化的，并且吸积盘本身也应该具有复杂的结构，需要基于物态、受力

和能量传输过程做出综合计算。这非常类似于前三章对中子星结构和温度的考虑。无论如何，由于吸积伴星物质，中子星可以拥有一个高温且明亮的吸积盘，其热辐射将主要处在 X 射线波段，而光度则可能远高于中子星本身的热辐射。

吸积盘的辐射对外造成非常大的辐射压，将一定程度上阻碍物质的下落。在半径为 r 处，辐射能量密度 $u = L_{\text{disk}}/4\pi r^2 c$ 在单位时间内穿过单位面积的物质，它对物质所做的功等于被物质所吸收的能量，即 $\sigma_{\text{T}} n c u$，这里 n 为物质粒子数密度。将此功率除以光速即可得到物质所受到的压力为 $\sigma_{\text{T}} n u$。与此同时，单位体积的物质所受到的万有引力为 $GMnm_{\text{p}}/r^2$。当辐射压和引力达到平衡时，吸积盘的辐射就能阻断物质流的下落，此时的辐射光度为

$$L_{\text{Edd}} = \frac{4\pi GMm_{\text{p}}c}{\sigma_{\text{T}}} = 1.3 \times 10^{38} \left(\frac{M}{M_{\odot}} \right) \text{ erg} \cdot \text{s}^{-1} \tag{7.34}$$

该光度被称为**爱丁顿光度 (Eddington luminosity)**，它反映了吸积盘辐射光度的上限。与式 (7.31) 相结合，我们可以得到相应的爱丁顿吸积率

$$\dot{M}_{\text{Edd}} = \frac{8\pi m_{\text{p}}cR}{\sigma_{\text{T}}} = 1.9 \times 10^{18} R_6 \text{ g} \cdot \text{s}^{-1} \tag{7.35}$$

这是中子星的最大吸积率。需要指出的是，上述计算中没有考虑几何效应。如果辐射的方向与物质下落的方向具有较大偏离，那么辐射压的作用将被压低。这一点对于某些中子星双星系统来说可能是重要的。另外，在吸积率特别大的时候，吸积盘中将由于 Urca 过程的发生而产生大量的中微子。如果吸积盘的能量主要通过中微子辐射来释放，那么其光辐射的压强难以阻挡物质流的下落，这种情况被称为超爱丁顿吸积。不过这种中微子主导的吸积盘可能不太会在中子星双星系统中出现。

吸积盘在伸入中子星的光速圆柱面后，可能逐渐达成与中子星的共转，这开始发生于中子星磁场的压强

$$P_{\text{B}} = \frac{B(r)^2}{8\pi} = \frac{\mu^2}{2\pi r^6} \tag{7.36}$$

大于物质流压强

$$P_{\text{g}} \sim \frac{1}{2}\rho v_{\text{K}}^2 \sim \frac{\dot{M} v_{\text{K}}}{8\pi r^2} \tag{7.37}$$

的时候，这里 $v_{\text{K}} = (GM/r)^{1/2}$ 是半径为 r 处的开普勒速度，$\mu = \frac{1}{2}B_{\text{p}}R^3$ 是中子星的磁矩。根据两个压强的平衡 $P_{\text{g}} \sim P_{\text{B}}$，我们可以定义如下阿尔文半径：

$$r_{\text{m}} = \left(\frac{16\mu^4}{GM\dot{M}^2} \right)^{1/7} = 3.6 \times 10^8 \left(\frac{M}{M_{\odot}} \right)^{-1/7} B_{\text{p},12}^{4/7} R_6^{12/7} \dot{M}_{17}^{-2/7} \text{ cm} \tag{7.38}$$

当 $r < r_m$ 时，物质将跟随磁力线运动。可以看到，该半径实际上可能小于光速圆柱半径 $r_L = c/\Omega = 2.4 \times 10^9 P_{-0.3}$cm。更细致一点讲，物质流的压强应该用声速 c_s 来估计，即 $P_g \sim \rho c_s^2$。对于吸积盘而言，声速和开普勒速度之间满足关系 $c_s = (H/r)v_K$，这里 H 是吸积盘的高度。同时，吸积盘物质流的密度可以表示为 $\rho = \dot{M}/(2\pi r H v_r)$，其中径向流动速度和开普勒速度之间满足 $v_r = \alpha(H/r)^2 v_K$，其中 α 是无量纲黏滞系数。由此可以得到

$$P_g = \frac{\dot{M} v_K}{2\pi r \alpha H} \tag{7.39}$$

在 $r_m/(\alpha H) \sim \mathcal{O}(1)$ 的情况下，式 (7.38) 的结果不会有太大的改变。由磁场拖曳所引起的共转是否能够真正得以维持，决定于中子星的万有引力能否提供足够强大的向心力，据此可以定义共转半径

$$r_c = \left(\frac{GM}{\Omega^2}\right)^{1/3}$$

$$= 9.4 \times 10^7 \left(\frac{M}{M_\odot}\right)^{1/3} P_{-0.3}^{2/3} \text{ cm} \tag{7.40}$$

综上所述，r_m 和 r_c 之间的相对大小关系将决定吸积流真正的去向。当中子星转得比较快而同时吸积率相对较小的时候，我们容易得到 $r_m > r_c$ 的情况。在这种情况下，物质流被磁场拖曳被迫加速后却无法保持共转，强大的离心力马上把物质甩出，这种效应被称为**螺旋桨 (propeller) 效应**。物质的外流将带走中子星的角动量使其自转减速，即有

$$\frac{\mathrm{d}I\Omega}{\mathrm{d}t} = -\dot{M} r_m^2 (\Omega - \Omega_K) \tag{7.41}$$

其中，I 是中子星的转动惯量，Ω_K 是半径 r_m 处的开普勒频率。而当吸积率较大的时候，则有 $r_m < r_c$，此时物质流可以从开普勒极限转动自然过渡到共转状态。这个过程也是吸积盘的角动量向中子星转移的过程，有

$$\frac{\mathrm{d}I\Omega}{\mathrm{d}t} = \dot{M} r_m^2 \Omega_K \tag{7.42}$$

由于强大的磁压作用，物质流在进入 r_m 后将不再保持原来的运动方向，而是将逐渐沿着磁力线运动，最终落到中子星的极冠区域。对于磁场不是特别强的中子星，物质下落将是主要的结果。而且，物质下落到中子星表面后还可能覆盖表面的磁场而使磁层中的磁场强度进一步降低，更有利于物质的下落。因此，人们普遍相信年老毫秒脉冲星的快速旋转大多是通过吸积加速来达到的，而它们的磁场

强度则正好相对较低 $10^8 \sim 10^9$G。所以, 弱的磁场即是导致吸积加速的原因, 同时也可能是物质堆积的结果。磁场的演化通常可以用如下经验公式来描述:

$$B(t) = \frac{B_i}{1 + \dot{M}t/M_c} \tag{7.43}$$

其中, B_i 表示磁场的初值, M_c 表示能够使磁场发生显著变化的特征物质质量 (取值为 $(10^{-5} \sim 10^{-3})M_\odot$ [134])。

7.2.3 高能辐射

无论如何, 由于吸积盘等区域的强烈 X 射线辐射, 中子星双星系统将表现为明亮的 X 射线辐射源, 称为**中子星 X 射线双星**。根据伴星的质量不同, 我们一般还将中子星 X 射线双星进一步分为**高质量 X 射线源** (HMXB) 和**低质量 X 射线源** (LMXB) 两种类型 [135,136], 前者的伴星为 OB 型恒星, 而后者的伴星则与太阳类似或更小。两类双星具有不同的观测表现。比如, 从低质量 X 射线双星的辐射中, 人们发现了**准周期性振荡 (QPO)** 的现象 [137], 一般认为它可能决定于吸积盘内边界的开普勒轨道周期及与中子星自转周期之间的相互影响。如果吸积物质能够最终落到中子星表面上, 并发生猛烈的碰撞, 从而发出强烈的 X 射线非热辐射, 如图 7.8 所示。该辐射主要从极冠区发出, 因此观测上将表现为一颗 **X 射线脉冲星** [138]。更具体讲, 吸积柱的辐射又可分为主要从顶部发出和从侧面发出两种模式, 分别被称为 "铅笔" 模型和 "风扇" 模型, 各自对应较低和较高吸积率的情况。与此同时, 由于极冠区被大量的下落物质覆盖, 原有的射电脉冲辐射将被关闭。

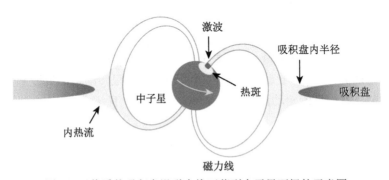

图 7.8 物质从吸积盘沿磁力线下落到中子星两极的示意图

由于吸积流的不稳定性, 一些时间上随机的吸积率的突然增大可能造成 X 射线爆发的现象, 称为 **II 型 X 射线暴** [139]。鉴于这些爆发产生的原因, 可以期待它们的时间平均光度仍与平静状态时的光度相当, 且每次爆发所释放的能量与相邻爆发间的时间间隔相关 (因为物质突然下落的多少取决于堆积的时间)。而与 II 型暴相对应的 **I 型 X 射线暴**则源自中子星表面的热核聚变,因而也被称为**热核暴** [140,141]。其发生机制是由于吸积物质在表面的堆积使温度升高达到氢聚变成氦的临界温度,再由氢的聚变引发能量的爆发,造成了十分剧烈的 X 射线暴现象。通过这些爆发,我们可以确定它们的爱丁顿极限光度,从而可以对星体的质量做出限制。爆发过后,通过观测爆发区域温度的演化,可以研究中子星内外壳层的组成成分和结构。

根据前面的分析我们还知道,被吸积的物质有时候并不会全部落入中子星表面,而是可能在吸积之后形成物质外流。除了由于螺旋桨效应所引起的外流外,吸积盘本身还可能导致外流乃至相对论性的喷流。喷流所导致的多波段辐射将使其具有类似于超大质量黑洞吸积产生喷流的观测特征,因而这类双星系统可被称作**微类星体 (micro-quasar)** [142]。外流的出现也会提高 X 射线辐射的集束性,尤其是在中子星磁场很强的情况下,再加上强磁场对光子-电子散射截面的抑制 (见式 (8.10)),会使得某些中子星 X 射线双星的辐射具有超爱丁顿的光度,观测上表现为一种**极亮 X 射线源 (ultraluminous X-ray source, ULX)**[240],常在银河系之外被观测到。不过,仍需注意,微类星体和极亮 X 射线源并不是中子星双星的专属表现,它们的本质属性在更多时候可能是黑洞吸积系统。

7.3 星 风 作 用

对于伴星为大质量 OB 型恒星的中子星双星系统,因为恒星风非常强烈,所以即使伴星尚未充满洛希瓣,中子星也仍然可能吸积恒星风物质。特别是对于 Be 型恒星,它们还常常具有一个低速高密的星风盘。当中子星的轨道穿过该星风盘的时候,将使吸积变得更加强烈,引发 X 射线暴。当然,由于中子星本身也具有相对论性的星风,因此具体的星风作用过程决定于两风之间强弱的对比。首先,在脉冲星风极弱的情况下,恒星风可能被中子星直接吸积。恒星风的速度可以用它的逃逸速度来表示,即 $v_{\rm w} \sim v_{\rm esc} = (2GM_{\rm s}/R_{\rm s})^{1/2}$,其中 $M_{\rm s}$ 和 $R_{\rm s}$ 为恒星的质量和半径。再记中子星的轨道速度为 $v_{\rm ort}$,则星风与中子星间的相对速度为 $v_{\rm rel} = \sqrt{v_{\rm w}^2 + v_{\rm ort}^2}$。根据此速度,可以定义中子星的吸积半径

$$r_{\rm acc} \sim \frac{GM}{v_{\rm rel}^2} \tag{7.44}$$

和星风吸积率

$$\dot{M}_{\rm acc} \sim \dot{M}_{\rm w} \frac{r_{\rm acc}^2}{4d^2} \tag{7.45}$$

其中，M 是中子星的质量，$\dot{M}_\mathrm{w}$ 是恒星风的质量损失率。在被吸积的星风和逃逸的星风之间可以形成弓形激波，该激波可能是高质量 X 射线双星 X 射线辐射的一种来源。

更显著的弓形激波将发生在中子星的星风同时也很强的情况下，它可能导致强烈的伽马射线辐射，表现为伽马射线双星。如图 7.9所示，在两股星风的撞击下，弓形激波的形状本质上决定于星风撞击压 (动量流) 之间的平衡，具体可由下式给出

$$l_\mathrm{s} \sin\left(\theta_\mathrm{p} + \theta_\mathrm{s}\right) = d \sin\theta_\mathrm{s} \tag{7.46}$$

激波面上任意点与两星连线间两夹角之间满足如下关系[143]：

$$\theta_\mathrm{s} \cot\theta_\mathrm{s} = 1 + \eta\left(\theta_\mathrm{p} \cot\theta_\mathrm{p} - 1\right) \tag{7.47}$$

其中，参数 $\eta = L_\mathrm{p}/\dot{M}_\mathrm{w} v_\mathrm{w} c$ 表示脉冲星风和恒星风的动量流之比，L_p 是脉冲星风的光度。对于 $\eta \ll 1$ 的情况，上式可以近似为

$$\theta_\mathrm{s} = \sqrt{\frac{15}{2}} \left[\sqrt{1 + \frac{4}{5}\eta\left(1 - \theta_\mathrm{p} \cot\theta_\mathrm{p}\right)} - 1\right]^{1/2} \tag{7.48}$$

考虑激波面在无穷远处将和径向渐进平行，此时 $\theta_\mathrm{s} \sim \pi - \theta_\mathrm{p}$，由此可以解得弓形激波的无穷远渐进张角为[144,145]

$$\psi_\mathrm{s} = 28.6° \left(4 - \eta^{2/5}\right) \eta^{1/3} \tag{7.49}$$

弓形激波的辐射一般都具有明显的轨道调制特征，因而可以用来确定双星系统的轨道参数。

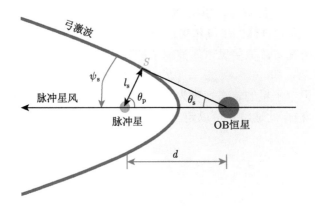

图 7.9　脉冲星风和 OB 型主序伴星星风之间的激波作用示意图

最后还有一种情况，那就是恒星风非常微弱，而脉冲星风很强，尤其是中子星具有毫秒级自转周期的情况。此时，强烈的脉冲星风将直接打在主序伴星的表面上，使恒星表面的物质加热、蒸发。该蒸发率可以写为

$$\dot{M}_{\mathrm{ev}} = \xi \left(\frac{R_{\mathrm{s}}}{4d} \right)^2 \frac{L_{\mathrm{p}}}{2v_{\mathrm{esc}}^2} \tag{7.50}$$

这里 ξ 表示脉冲星风能量可用于蒸发恒星的效率。在长期蒸发作用下，伴星的质量将严重损失，甚至完全消失。这种类型的中子星双星又具有两种不同的典型类型，分别是**红背蜘蛛 (redback spider)** 和**黑寡妇毒蛛 (black widow)**，它们伴星质量的主要分布范围分别为 $(0.2 \sim 0.4)M_\odot$ 和 $(0.02 \sim 0.04)M_\odot$。

第 8 章 磁 陀 星

8.1 观 测 表 现

自 1981 年 G. G. Fahlman 和 P. C. Gregory 在超新星遗迹 SNR CTB109 中心发现 X 射线脉冲星 1E 2259+586 以来 [146]，人们陆续发现了一批具有比较少见的长周期和很大的周期变化率的特殊 X 射线脉冲星，表明它们具有高达 $B_p \sim 10^{15} P_{0.7}^{1/2} \dot{P}_{-10}^{1/2} \mathrm{G}$ 的表面偶极磁场。这些 X 射线脉冲还常常具有 $L_X \sim (10^{35} \sim 10^{36}) \mathrm{erg \cdot s^{-1}}$ 的 X 射线光度，远高于它们的磁偶极辐射光度 $L_{md} \sim 10^{34} B_{p,15}^2 R_6^6 P_{0.7}^{-4} \mathrm{erg \cdot s^{-1}}$，意味着它们的 X 射线辐射并非如一般脉冲星那样由自转能损提供能源。而与此同时，这些 X 射线脉冲星没有轨道多普勒效应，因此也不像是具有高质量伴星的吸积 X 射线脉冲星。它们有时候与超新星成协，且距离银盘的高度较小，表明它们的年龄较轻，所以也不符合低质量 X 射线双星的特点。因此，人们称这类不是由自转和吸积供能的 X 射线脉冲星为**反常 X 射线脉冲星 (abnormal X-ray pulsar, AXP)**，它们的辐射能量来源应主要是它们所具有的极强磁场。所以，从物理本质上讲，反常 X 射线脉冲星是一种被高度磁化 ($B_p \gtrsim 10^{14} \mathrm{G}$) 的特殊中子星，简称为**磁陀星 (magnetar)**。

1979 年 1 月 7 日，Venera 航天器观测到了从源 SGR1806-20 发射出来的一次持续时间为 0.15s 的软伽马射线爆发，它最初被认为是宇宙伽马射线暴的一个亚型。1983 年，这个源被观测到了重复爆发的现象，与通常的伽马射线暴完全不同。分析其 1979 年的数据，可以发现当时就有三次重复爆发的记录。历史上第一个被确认的**软伽马射线重复暴 (soft gamma-ray repeater, SGR)** 是 SGR0526-66，它于 1979 年 3 月 5 日发生过一次**巨耀发 (giant flare)** 事件 [147,148]。巨耀发开始于一个极亮的峰，紧接着是一段持续 3min 的辐射尾，流量近似呈指数衰减，其中显见周期为 8s 的脉冲辐射。这表明它是一颗中子星，并很有可能是一颗磁陀星。巨耀发的峰值光度可以达到 $10^{44} \sim 10^{46} \mathrm{erg \cdot s^{-1}}$，远高于吸积中子星的爱丁顿极限，因此最可能的能量来源便是磁能的释放。除了 1979 年的这次事件，迄今还观测到另外两次巨耀发现象，分别为 1998 年 8 月 27 日 SGR1900+14 和 2004 年 12 月 27 日 SGR1806-20 的巨耀发，图 8.1 展示了 1998 年巨耀发事件的光变曲线。在巨耀发的辐射尾中，还可以发现**准周期振荡 (QPO)** 的时间行为，被认为可能是爆发引发星震的结果 [149,150]。可以用观测到的振荡频率来限制星体的磁场强度。

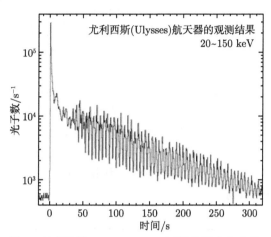

图 8.1　1998 年 8 月 27 日磁陀星 SGR1900+14 巨耀发的光变曲线。图源：文献 [152]

　　综上所述，反常 X 射线脉冲星和软伽马射线重复暴源具有相同的物理本质，它们是磁陀星在不同状态下的不同观测表现[151]。磁陀星的静态 X 射线**持续辐射 (persistent emission)** 有些具有热起源，对应 $k_{\mathrm{B}}T \sim (0.3 \sim 1)\mathrm{keV}$ 的温度，通常比相同年龄的自转供能中子星要热很多。这可能是磁陀星磁场在不断衰减而加热星体的结果。同时，热辐射对应的辐射半径常常比星体半径要小很多，说明加热可能是局部的，辐射主要来自局部的热斑。需要注意到的是，磁陀星的辐射会受到磁化大气层和磁层共振回旋散射效应等的显著影响，因此对温度和辐射半径等参数的限制实际上存在较大不确定性。比如，磁陀星的能谱中还存在额外更硬的热成分或非热幂律成分 (光子数谱指数 $2 \sim 4$)。考虑到 X 射线的星际吸收，很难说本质的谱型是什么样的。但从小麦哲伦云中的 CXOU J0100-7211 样本来看 (距离最近、吸收最小)，双黑体谱可能更与观测相符。不过，硬 X 射线 (十到数百 keV) 观测表明非热谱在这个能段可以确切存在。

　　磁陀星的最显著特性在于它们强烈的活动性，造成多种暂现源辐射。除了静态 X 射线辐射和罕见的巨耀发外，磁陀星还可以频繁地发生一些光度相对较低的 **X 射线暴 (X-ray burst)** 和**爆发 (outburst)**。磁陀星 X 射线暴具有从毫秒到分钟量级的持续时间 (所以一般也被称作短暴)，光度大致为 $10^{36} \sim 10^{43}\mathrm{erg} \cdot \mathrm{s}^{-1}$。它们与吸积中子星上发生的 X 射线暴有所类似，但仍在诸多性质上存在显著差异。这种短暴可以是零星偶发的，也可以在一段时间 (比如一天内) 内集中出现成百上千次。X 射线暴的能谱常常表现为单黑体或双黑体谱，对应的温度一般为 $k_{\mathrm{B}}T \sim 2\mathrm{keV}$ 和 $10\mathrm{keV}$。相较于巨耀发而言，有时候也把 $10^{41} \sim 10^{43}\mathrm{erg} \cdot \mathrm{s}^{-1}$ 的 X 射线暴称为中等耀发，它们具有分钟到小时量级的 X 射线辐射尾巴。不同于短暴，X 射线爆发现象则常常表现为辐射光度上升至静态辐射的数十到上千倍，然后在星期、月至年的时间尺度上逐渐衰减，伴随着谱的软化。X 射线爆发事件的开始常常伴随着一个或几个短暴。因此，X 射线爆发事件相对于单一的 X 射线暴而言，更类似于一次流量提升、能谱变化以及时间行为转变 (包括周期跃变) 等特殊行为的综合体，爆发总能量为 $10^{41} \sim 10^{43}$erg。X 射线爆发事件峰值光度越大，则释放的总能量越大，衰减持续的时间也越长。图 8.2 展示了一些磁陀星 X 射线爆发后的流量持续衰减过程。此外，人们还发现有一些脉冲星虽然具有磁陀星的这些活动性质，但根据其周期和周期变化率得到的偶极场却是正常的 [153]，由此引出了一类所谓**低磁场磁陀星 (low-field magnetar)** 的概念。这使人们对磁陀星性质有了更加广义的认识，认识到它们的本质属性可能更在于它们内部的、多极的强磁场。

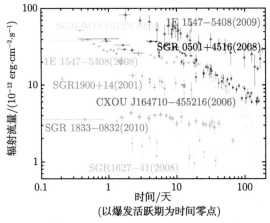

图 8.2　磁陀星 X 射线爆发事件后的光度衰减。图源：文献 [150]

有关磁陀星观测表现的详细论述，读者可参阅文献 [154] 和 [155] 等的综述。

8.2　强磁场下的物质属性

磁陀星的发现极大地拓展了人们对中子星家族成员和中子星极端物理条件的认识。在 $10^{14} \sim 10^{15}$G 的磁场条件下，很多新的物理机制和规律可能发生作用，从而对我们前述几章所讨论的所有中子星性质都可能造成影响。一个值得特别提及的物理考虑是，电子的运动状态将在垂直于磁场的方向量子化 (**朗道量子化**)。朗道量子化后的电子色散关系可写为

$$\varepsilon = \sqrt{p^2c^2 + m_{\mathrm{e}}^2c^4 + 2\lambda eB\hbar c} \tag{8.1}$$

其中，$\lambda = 0, 1, 2, \cdots$ 为量子数，B 为磁场强度。根据这个表达式，可以给出电子朗道量子化的临界磁场强度为

$$B_c = \frac{m_e^2 c^3}{\hbar e} = 4.4 \times 10^{13} \text{G} \tag{8.2}$$

朗道量子化意味着电子相空间的量子化，原来在计算电子气性质时的相空间积分将变成分立求和，继而改变与之相关的所有电子气统计性质。此时，电子的巨热力学势可以写为 [156]

$$\Omega_e = -\frac{eB}{2\pi^2 \hbar^2 c^2} \sum_{\lambda=0}^{\lambda_m} b_{\lambda 0} \left\{ \mu_e \left(\mu_e^2 - m_e^2 c^4 - 2\lambda eB\hbar c \right)^{1/2} \right.$$
$$\left. - \left(m_e^2 c^4 + 2\lambda eB\hbar c \right) \ln \left[\frac{\mu_e + \left(\mu_e^2 - m_e^2 c^4 - 2\lambda eB\hbar c \right)^{1/2}}{\left(m_e^2 c^4 + 2\lambda eB\hbar c \right)^{1/2}} \right] \right\} \tag{8.3}$$

其中，$b_{\lambda 0} = \left(1 - \frac{1}{2} \delta_{\lambda 0} \right)$，$\lambda_m$ 是不大于 $\left(\mu_e^2 - m_e^2 c^4 \right) / 2eB\hbar c$ 的整数。于是，粒子数密度关于化学势的函数关系可以写为

$$n_e = -\frac{\partial \Omega_e}{\partial \mu_e} = \frac{eB}{\pi^2 \hbar^2 c^2} \sum_{\lambda=0}^{\lambda_m} \left(1 - \frac{1}{2} \delta_{\lambda 0} \right) \left(\mu_e^2 - m_e^2 c^4 - 2\lambda eB\hbar c \right)^{1/2} \tag{8.4}$$

它与式 (1.2.9) 存在显著差异①。不过，当磁场相对较弱时 ($\lambda_m \to \infty$)，将上式中的求和改为积分，则仍可得到通常的表达式

$$n_e = \frac{\left(\mu_e^2 - m_e^2 c^4 \right)^{3/2}}{3\pi^2 \hbar^3 c^3} \tag{8.5}$$

而当磁场极强使电子只能处于朗道能级基态时，则有

$$n_e = \frac{eB \left(\mu_e^2 - m_e^2 c^4 \right)^{1/2}}{2\pi^2 \hbar^2 c^2} \tag{8.6}$$

如果考虑到中子星内部可能具有更强的磁场 (比如环向场)，那么这种朗道量子化还可能影响更大质量的粒子，比如从强子中解禁闭出来的自由夸克。

由于强磁场的存在，来自中子星 (不仅限于磁陀星) 表面的准热辐射光子在经过磁层中的温热 (非相对论性) 等离子体时，可能发生**共振回旋散射 (resonant cyclotron scattering)**，其电子静止系中的散射截面为 [157]

---

① 第 1 章中的计算主要考虑了非相对论和极端相对论的情况，因此能量表达式中就略去了质量项。此处则采用了严格的相对论表达式。

$$\sigma_{\mathrm{res}} = \frac{\sigma_{\mathrm{T}}}{4} \frac{\left(1 + \cos^2 \theta_{\mathrm{kB}}\right) \omega^2}{\left(\omega - \omega_{\mathrm{L}}\right)^2 + \Gamma^2/4} \tag{8.7}$$

其中，ω 为入射光子的频率，θ_{kB} 是光子入射方向和磁场方向的夹角，$\Gamma = 4e^2\omega_{\mathrm{L}}^2/(3m_ec^3) = 4r_e\omega_{\mathrm{L}}^2/(3c)$ 是回旋共振线的自然展宽。由 $\Gamma/\omega_{\mathrm{L}} = (4/3)\alpha(B/B_c)$ 可知回旋共振线一般非常窄，其中 $\alpha = 1/137$ 是精细结构常数。因此，散射截面中的分母项 $\left[(\omega - \omega_{\mathrm{L}})^2 + \Gamma^2/4\right]^{-1}$ 可以等效为一个 δ 函数 $2\pi\Gamma^{-1}\delta(\omega - \omega_{\mathrm{L}})$。据此可知，共振回旋散射主要发生在入射光子频率等于电子拉莫尔频率的时候，即 $\varepsilon_\gamma/\hbar = eB/(m_ec)$，其中 ε_γ 为光子能量。那么，结合中子星的偶极场结构，我们可以大致确定发生散射的主要位置半径为

$$r_{\mathrm{res}} \sim R\left(\frac{eB_{\mathrm{p}}\hbar}{m_ec\varepsilon_\gamma}\right)^{1/3} \sim 10^7\, B_{\mathrm{p},14}^{1/3}\varepsilon_{\gamma,\mathrm{keV}}^{-1/3}\ \mathrm{cm} \tag{8.8}$$

对于磁陀星而言，其磁层中的电子很可能由于持续加速而具有相对论性的速度，那么它们和软光子的共振回旋散射还能导致高能光子的产生，其散射截面可以简单写为 [158]

$$\sigma_{\mathrm{res}} = 2\pi^2 r_e c\delta(\tilde{\omega} - \omega_{\mathrm{L}})(1 - \beta\cos\theta_{\mathrm{kB}}) \tag{8.9}$$

其中，$\tilde{\omega} = \gamma(1 - \beta\cos\theta_{\mathrm{kB}})\omega$，$\gamma$ 和 β 则表征电子的相对论性程度和速度。

严格说来，强磁场所带来的真空极化效应会显著影响磁层的介电性质，从而使具有不同偏振方向的光具有不同的折射率。这种影响不仅会出现在共振回旋散射中 (此处略)，甚至还会改变电子和光子之间一般的汤姆孙散射截面，使其仅适用于电矢量方向与磁场方向平行的光子 (称为**常模或 O 模**)。而对于电矢量方向垂直于磁场的光子 (**非常模或 E 模**) 而言，其散射截面将变为

$$\sigma_\perp = \left(\frac{\omega}{\omega_{\mathrm{L}}}\right)^2 \sigma_{\mathrm{T}} = \left(\frac{\hbar\omega}{m_ec^2}\frac{B_{\mathrm{c}}}{B}\right)^2 \sigma_{\mathrm{T}} \tag{8.10}$$

这将大大影响中子星表面的辐射转移过程，使介质 (如正负电子对等离子体) 的光深发生如下改变 [159]：

$$\tau_\perp(T_{\mathrm{e}}) = 5\pi^2 \left(\frac{k_{\mathrm{B}}T_{\mathrm{e}}}{m_ec^2}\frac{B_{\mathrm{c}}}{B}\right)^2 \tau_{\mathrm{T}} \tag{8.11}$$

其中 τ_{T} 是普通的汤姆孙光深。同时，E 模散射截面的减小也意味着，当辐射和物质发生碰撞的时候，辐射压会受到抑制。因此，如果磁陀星存在吸积，那么它的吸积辐射光度就可能远远超过式 (7.34) 给出的爱丁顿极限光度，从而可能为极亮 X 射线源等现象提供解释。

8.3 磁场结构和爆发

对于普通脉冲星, 我们十分关注发生于开放磁力线区域的物理过程。但对于磁陀星, 情况则有很大不同。目前看到的磁陀星一般都转得较慢, 共转半径非常大, 因此开放磁力线的占比极低 ($\sim 10^{-5}$), 很难被观测到。也正因为这个原因, 早先认为磁陀星很难产生射电脉冲 (但实际上有时候可以观测到)。无论如何, 磁陀星的诸多观测现象应主要决定于闭合磁力线区域的物理过程。与此同时, 磁陀星内部超过 10^{15}G 的磁场被认为很可能具有极大的**磁螺度 (magnetic helicity)**, 磁场具有显著的环向分量, 它甚至远超过极向分量的强度 [159]。这种磁场结构被认为是导致诸多磁陀星活动特性的根本原因。考虑到环形磁场的有源性, 可以知道星体内部存在电流。并且由于星体内部的电导率很高, 电流将主要集中在一个薄薄的表层内 (并延伸到磁层中形成回路)。该电流反过来也会受到磁场力 $\boldsymbol{j} \times (\boldsymbol{B}_{\mathrm{p}} + \boldsymbol{B}_{\mathrm{t}}) / c$ 的作用而使壳层发生不同程度的滑动和变形, 从而导致附着在壳层上的外部磁场发生扭曲, 这其实就是磁螺度由内向外的迁移。磁螺度的迁移将使得磁陀星的磁场始终处于动态的变化之中, 而不是稳恒不变的, 不过并非马上体现在偶极场的变化中。

尽管人们普遍认为磁陀星磁层的扭曲是局部的, 以希望它不对磁层的整体性质造成影响, 但是在实际的建模中, 一个整体扭曲的磁层仍然被广为讨论 (图 8.3)。具体来说, 对于可能介于单极子和偶极子之间的基础磁场, 满足无力场条件的扭曲磁场可以写为 [160]

$$B_{\mathrm{r}} = -\frac{B_{\mathrm{p}}}{2} \left(\frac{r}{R}\right)^{-p-2} f' \boldsymbol{e}_{\mathrm{r}}$$

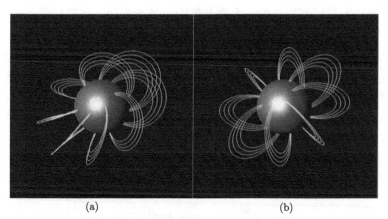

(a)   (b)

图 8.3 磁陀星扭曲磁场 (a) 和偶极场 (b) 的对比。图源：文献 [160]

$$B_\theta = \frac{B_{\mathrm{p}}}{2}\left(\frac{r}{R}\right)^{-p-2}\frac{pf}{\sin\theta}\boldsymbol{e}_\theta \tag{8.12}$$

$$B_\phi = \frac{B_{\mathrm{p}}}{2}\left(\frac{r}{R}\right)^{-p-2}\sqrt{\frac{Cp}{p+1}}\frac{f^{1+1/p}}{\sin\theta}\boldsymbol{e}_\phi$$

其中，$p=0$ 和 $p=1$ 分别代表磁单极子和磁偶极子，函数 $f(\mu)$ 满足如下方程[161]：

$$(1-\mu^2)f'' + p(p+1)f + Cf^{1+2/p} = 0 \tag{8.13}$$

其中，$\mu=\cos\theta$，上标撇号表示对 μ 求导，系数 C 为方程的本征值。对应于扭曲磁场的电流为

$$\boldsymbol{j} = \frac{c}{4\pi}\nabla\times\boldsymbol{B} = \frac{c\boldsymbol{B}}{4\pi}\sin^2\theta\Delta\phi \tag{8.14}$$

其中，$\Delta\phi$ 表征磁力线环向剪切的程度，其值决定于 $f(\mu)$ 的解。要使磁层中不存在平行于磁场方向的电场，电流需满足条件 $\boldsymbol{j}_{\mathrm{B}}\times\boldsymbol{B}=0$，结合式 (8.14) 可得 $(\nabla\times\boldsymbol{B})\times\boldsymbol{B}=0$。然而，当磁场的扭曲随时间发生变化的时候，这个条件显然不能始终满足，因此必会导致平行于磁场方向电场的生成，它决定于

$$\frac{\partial E_\parallel}{\partial t} = 4\pi(j_B - j) \tag{8.15}$$

平行电场的出现将使带电粒子得到加速，因而在整个闭合磁力线区域出现高速粒子流，这至少将导致两种后续的效果。一方面，沿着磁力线的粒子流持续击打星体表面，被认为是局部加热的一个重要原因；另一方面，这些粒子流在高空与来自表面的 X 射线发生共振回旋散射将造成显著的非热辐射。

各类爆发现象是磁陀星最显著的观测特征，通常被认为是磁场扭曲所导致的某种能量在不断累积后突然释放的结果。这个过程如果发生在星体的内部，那可能是①扭曲的磁场位形达到不稳定的临界点而突然重构，或②磁场扭曲使星体壳层承受着过大的压力而最终使其断裂、破碎；如果发生在星体的外部，则可能是③磁层中磁力线的高度扭曲导致重联爆发。无论是哪种能量释放机制，在数千米范围内瞬时释放出 $10^{40}\mathrm{erg}$ 左右的能量，都可能导致一个由热化的光子和电子对所组成的火球。处于热平衡的火球中电子对的数密度可由下式给出：

$$n_\pm = \frac{4}{h^3}\int_0^\infty \frac{4\pi p^2}{\mathrm{e}^{\left(\sqrt{p^2c^2+m_{\mathrm{e}}^2c^4}-\mu_{\mathrm{e}}\right)/k_{\mathrm{B}}T}+1}\mathrm{d}p \tag{8.16}$$

此处由于电子数不守恒因而其化学势为零, $\mu_e = 0$。在 $k_B T \ll m_e c^2$ 的情况下分母中的 1 可以舍去且有 $\varepsilon = p^2/2m_e$, 因而可得

$$n_\pm = \frac{1}{2}\left(\frac{2m_e k_B T}{\pi \hbar^2}\right)^{3/2}\exp\left(-\frac{m_e c^2}{k_B T}\right) \tag{8.17}$$

在强磁场情况下,热电子只具有二维的相空间。若电子只能占据基态朗道能级,即 $k_B T/c^2 \ll (m_e^2 + 2eB\hbar/c)^{\frac{1}{2}} - m_e$, 则有

$$
\begin{aligned}
n_\pm &= \frac{eB}{\pi\hbar c}\frac{2}{h}\int_0^\infty \frac{1}{e^{\left(\sqrt{p^2 c^2 + m_e^2 c^4} - \mu_e\right)/k_B T} + 1}\mathrm{d}p \\
&= \frac{eB m_e}{(2\pi^3)^{1/2}\,\hbar^2}\left(\frac{k_B T}{m_e c^2}\right)^{1/2}\exp\left(-\frac{m_e c^2}{k_B T}\right)
\end{aligned}
\tag{8.18}
$$

磁陀星的表面被认为存在大量的多极场,即存在大量小尺度的磁力线圈。当爆发发生于这些磁力线圈的时候 (这可能也与发生爆发的机制本身有关),火球物质就很可能被这些磁力线圈束缚,而不能无限膨胀。具体的约束条件可以写为

$$\frac{B_r^2}{8\pi} = \frac{B^2}{8\pi}\left(\frac{R + l_{\mathrm{fb}}}{R}\right)^{-6} > \frac{E_X}{3l_{\mathrm{fb}}^3} \tag{8.19}$$

即

$$B > 5\times 10^{13}E_{X,41}^{1/2}l_{\mathrm{fb},5}^{-3/2}\left(1 + \frac{l_{\mathrm{fb}}}{R}\right)^3\ \mathrm{G} \tag{8.20}$$

其中, E_X 是爆发所释放的能量, l_{fb} 表示火球的尺度大小。可见,当磁力线圈的尺度小于星体半径的时候,火球的约束是较容易发生的。火球中存在的大量电子将造成非常大的光子光深 $\tau_T = \sigma_T n_\pm l_{\mathrm{fb}}$, 从而使得辐射很不容易逃逸。此外,如果火球是从星体内部产生出来的,那么火球的表面还可能被一层来自壳层的重子物质覆盖,它将进一步主导辐射的光深。不过,对于 E 模光子,因为散射截面被强磁场抑制,其光深将由式 (8.11) 给出,所以它们将率先从垂直磁力线的方向逃逸。考虑到磁场强度随半径的衰减,最容易透光的位置将出现在磁力线位于星体表面的足点处。而与此同时,大部分的火球能量则集中在磁力线圈的高处。因此,如图 8.4所示,随着光子在线圈足点的泄漏,能量将从线圈高处向星体表面流动。泄漏出来的 E 模光子将通过劈裂反应重新成为 E 模和 O 模混合的形式,但其总的光谱形态仍会与黑体谱略有不同。此外,出射的 X 射线还将在共振回旋半径处发生强烈的散射。在这个半径范围内, X 射线基本上是各向同性的,由此也决定了 X 射线脉冲时间不会短于 $r_{\mathrm{res}}/c \sim 1\mathrm{ms}$。虽然能量主要束缚在火球中,但是爆发引起的壳层震动和火球膨胀与磁力线约束之间的相互作用仍将在磁层等离子体

中造成阿尔文波。当这种波传播到开放磁力线区域的时候，就可能导致粒子的加速和射电辐射的产生等效应。

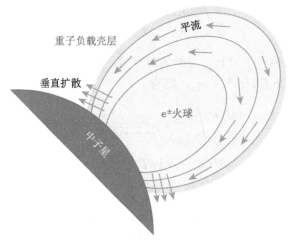

图 8.4　约束在小尺度闭合磁力线圈中的火球能量流动。图源：文献 [159]

从火球中泄漏出来的能量也许并不能直接辐射掉，而是可能再次通过一些级联过程在更大尺度的磁力线中形成新的外流物。这些外流物沿着磁力线方向膨胀，并逐渐加速。根据磁场位形 $B(r) \sim B_{\mathrm{p}}(r/R)^{-(2+p)}$，我们可以知道外流物在这些大尺度磁管中运动时其截面积的变化将遵从 $\Delta S \propto (r/R)^{(2+p)}$ 的规律。然后，再根据相对论性流体力学中的一些守恒律，我们可以得到 [241]

$$\Gamma \propto \left(\frac{\Delta S}{\Delta S_0}\right)^{1/2} \propto \left(\frac{r}{R}\right)^{(2+p)/2} \tag{8.21}$$

随着外流物的膨胀加速，其温度下降。同时，E 模光子的扩散时标也将很快小于动力学时标从而使光子最终逃逸。此时，被加速了的电子还将与来自星体表面的软光子发生散射，产生高能非热辐射 (图 8.5)。如果磁陀星的爆发一开始就处于大尺度磁场范围，那么也将基本遵循上述演变过程。尤其是对于具有全局性的巨耀发等现象，大尺度磁力线区域 (包括开放磁力线) 很容易产生外流物辐射，形成主暴。并且，相对论性的外流物还可能一直运动到星际介质中。释放于闭合磁力线区域的能量则将滞后一段时间泄漏出来，可能造成主暴后持续时间更长的辐射尾。此外，磁陀星的耀发也可能会导致爆发区域壳层深部的加热或磁层中磁力线的缠绕，因此其后续的壳层冷却过程或磁力线的解缠绕将是一个较为漫长的能量释放过程。这些过程或许可用来解释 X 射线爆发事件后的长时标流量衰减。其中，有关壳层冷却的考虑，使这些磁陀星的爆发和吸积中子星的 I 型 X 射线暴存在一些相通之处。

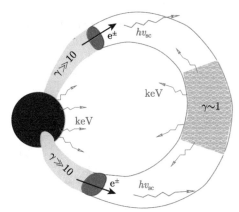

图 8.5 在大尺度磁力线圈中产生的相对论性外流及其辐射。图源：文献 [158]

最后，如果磁陀星的爆发具有类似于太阳耀斑的磁重联机制，那么在爆发后火球 (重联区下方) 的上空还可能形成类似于日珥的结构以及发生类似于日冕物质抛射的过程，如图 8.6所示。这些抛射物将可能在更大的距离上造成某些观测效应，比如激波脉泽过程。

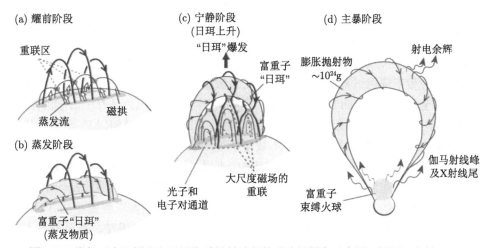

图 8.6 类似于太阳耀斑和日冕物质抛射过程的磁陀星爆发示意图。图源：文献 [162]

8.4 快速射电暴

2020 年 4 月 28 日，人们在河内磁陀星 SGR J1935+2154 进入了一次新的活跃期的情况下，发现了一次来自于该磁陀星的只持续了数毫秒的射电暴发，并且还发现它在时间上与一次 X 射线暴高度相关 (图 8.7)。我国的慧眼 HXMT 卫星为此项 X 射线观测做出了重要贡献 [163]。这一事件在天文界引起了不小的轰动，因为一类被称作**快速射电暴 (fast radio burst, FRB)** 的现象实际上已困扰天文学家十几年了 [164,165]。

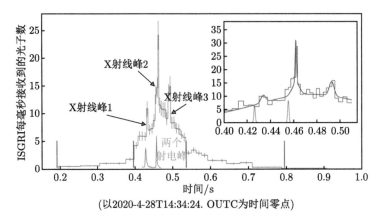

图 8.7　与 FRB 200428 两个射电脉冲成协的 X 射线暴光变曲线 (插图为局部放大显示)。

图源：文献 [166]

快速射电暴最早由 D. R. Lorimer 使用 Parkes 望远镜发现于 2007 年 [167]，它们是天空中随机出现的一种短暂而剧烈的射电辐射流量增强现象，持续时间通常只有几毫秒，辐射峰值流量有时可达到数个央斯基。其辐射具有极高的亮温度 (射电流量对应的等效黑体温度) 和明显的线偏振度，表明它们应来自于大尺度有序磁场中的相干辐射过程。快速射电暴的色散量总是会明显超出银河系介质在其方向上的全部贡献，表明它们的光路应远大于银河系的尺度，具有宇宙学的距离。这一点也与它们的若干统计性质一致。随着 CHIME 和 ASKAP 等新一代射电望远镜的运行，快速射电暴的样本数量快速增长，从而也带来了更多的发现契机 [168]。其中，已有好几例样本被精确定位，使人们找到了它们的宿主星系，证实了它们的宇宙学起源 [169]。但是，快速射电暴具体的起源机制仍然还是一个谜。

作为理论上的大胆猜想，人们提出了多种可能途径，比如双致密星的并合、大质量中子星的坍缩、原初黑洞的蒸发、超导宇宙弦的振荡和爆发，甚至外星人等 (见文献 [170] 综述)。不过，综合目前所有的观测，最为普遍接受的方案当属磁陀星活动模型，这有助于理解某些快速射电暴的重复爆发、高法拉第旋量以及所在区域的高恒星形成率等。而 4 月 28 日发现的河内磁陀星射电-X 射线成协爆发事件无疑为快速射电暴的磁陀星起源提供了最强有力的支持。尽管相比于那些来自于宇宙深处的样本，FRB 200428 事件的辐射能量要小得多，但不能完全确定它和宇宙学距离上的快速射电暴一定就是同类现象。与 X 射线暴一样，即使在磁陀星模型下，快速射电暴的起源也存在多种可能性，如星体局部磁场的重联、类似于地震的星震、外来高能粒子流的击打以及小行星的捕获和撞击等。在此基础上，射电辐射的具体产生机制也有待厘清，最有可能是曲率辐射和脉泽辐射等过程 (见文献 [171, 242] 综述)。不同的辐射机制往往会要求非常不同的爆发过程和爆发环境，并且可能导致非常不同的其他波段的对应体辐射。

总而言之，快速射电暴的起源仍然是一个悬而未解的科学疑难，是当前天文学研究的一个重大课题。它们很可能预示了磁陀星研究的一个全新方向，并可能是处于双星系统中的磁陀星 (有助于理解一些重复快速射电暴的周期性) [121, 172]。因此，本章很有必要对这种现象做出一定的介绍。不过，鉴于快速射电暴现象的多样性，也不能排除它们实际上和磁陀星乃至中子星毫不相关的可能性，这种情况就非本章乃至本书的讨论范畴了。

第 9 章 引 力 波

9.1 基 本 公 式

根据广义相对论, 物质的存在导致时空的弯曲。而当空间中的物质分布随时间发生变化的时候, 其周围的时空弯曲性质也将发生相应的变化。这种变化是带有能量的, 因此它将在更远处激发新的时空弯曲 (这是牛顿引力理论所不具有的特征), 从而导致这种时空弯曲的变化以波的形式传向无穷远处, 形成**引力波 (gravitational wave)**。不过, 对广义相对论的系统介绍显然超出了本书的范围, 读者可以在附录中大致了解作者对广义相对论主要物理思想的一点浅见。作为广义相对论的独特理论预言, 引力波是检验广义相对论的一种关键信号。

从史瓦西度规的表达式 (A.4) 我们可以看到, 时空弯曲的程度高度依赖于物质分布的致密性, 而引力波幅度的大小则显然取决于物质分布的不均匀性。因此, 从最易探测的角度考虑, 发生高度畸变且畸变随时间变化的致密天体和相互绕转的双致密星系统无疑是宇宙中最佳的引力波辐射源。而反过来说, 引力波探测便成为研究致密天体的一种重要手段, 这种手段自 2015 年以来已成为现实。不过, 由于我们实际上无法身处致密星系统的周围去体验那里强大的时空弯曲变化, 而只能在无穷远处感知这种变化所带来的涟漪, 因此引力波带给我们的时空度规对于闵可夫斯基度规的偏离只是一种极其微小的扰动 (远场近似)。可将这种度规扰动 $h_{\mu\nu} = g_{\mu\nu} - \eta_{\mu\nu}$ 及 $\tilde{h}_{\mu\nu} \equiv h_{\mu\nu} - \frac{1}{2}\eta_{\mu\nu}h^{\alpha}_{\alpha}$ 代入爱因斯坦场方程得到 [173]

$$h_{ij} = \frac{2}{r}\frac{G}{c^4}\ddot{Q}^{\mathrm{TT}}_{ij}\left(t - \frac{r}{c}\right) \tag{9.1}$$

其中质量四极矩

$$Q^{\mathrm{TT}}_{ij}(x) = \int \rho\left(x^i x^j - \frac{1}{3}\delta^{ii}r^2\right)\mathrm{d}^3x \tag{9.2}$$

是 Transeverse-Traceless(TT) 规范下的质量四极矩, 脚标 i 和 j 表示只对坐标分量循环。上述表达式非常类似于电动力学中的推迟势。

9.2 双致密星系统

9.2.1 轨道衰减

对于双星系统而言，在两个星体质量相同 (均为 M) 且轨道偏心率为零的最简单情况下，系统的四极矩可以表示为

$$Q_{xx}^{\mathrm{TT}} = 2MR^2 \cos^2 \omega t - \frac{2}{3}MR^2 = MR^2 \left(\cos 2\omega t + \frac{1}{3} \right)$$

$$Q_{yy}^{\mathrm{TT}} = 2MR^2 \sin^2 \omega t - \frac{2}{3}MR^2 = -MR^2 \left(\cos 2\omega t - \frac{1}{3} \right) \tag{9.3}$$

$$Q_{xy}^{TT} = 2MR^2 \sin \omega t \cos \omega t = MR^2 \sin 2\omega t$$

其中，R 是轨道半径，ω 是轨道角频率。可以看到，四极矩变化的频率也即引力波辐射频率应是双星共转频率的两倍。相应的引力波幅度可以表示为

$$h_{ij} = -\frac{8}{r}\frac{GMR^2\omega^2}{c^4} \begin{bmatrix} \cos 2\omega \left(t - \dfrac{r}{c} \right) & \sin 2\omega \left(t - \dfrac{r}{c} \right) & 0 \\ \sin 2\omega \left(t - \dfrac{r}{c} \right) & -\cos 2\omega \left(t - \dfrac{r}{c} \right) & 0 \\ 0 & 0 & 0 \end{bmatrix} \tag{9.4}$$

与上述引力波辐射相对应的能量输出可以计算为 [173]

$$L_{\mathrm{gw}} = \frac{1}{5}\frac{G}{c^5} \left\langle \dddot{Q}_{ij}^{\mathrm{TT}} \dddot{Q}_{ij}^{\mathrm{TT}} \right\rangle \tag{9.5}$$

将式 (9.3) 代入可得

$$L_{\mathrm{gw}} = \frac{1}{5}\frac{G}{c^5} \left(8MR^2\omega^3 \right)^2 \times \frac{4}{2} = \frac{128}{5}\frac{G}{c^5} M^2 R^4 \omega^6 \tag{9.6}$$

式中第二项除以 2 表示每一项平方后对 0 到 π 的半个周期求平均，而乘以 4 表示四项求和。

引入双星的约化质量 $\mathcal{M}$ 和距离 a，我们还可利用 $M = 2\mathcal{M}$ 和 $R = a/2$ 的关系将上述结果推广到两星质量不相同的一般情况 (图 9.1)。相应的引力波幅度和能量输出光度可以改写为

$$h_+ = -\frac{4}{r}\frac{G^2 M_1 M_2}{c^4 a} \cos \left[2\omega \left(t - \frac{r}{c} \right) \right]$$

$$h_\times = -\frac{4}{r}\frac{G^2 M_1 M_2}{c^4 a}\sin\left[2\omega\left(t-\frac{r}{c}\right)\right] \tag{9.7}$$

和

$$L_{\mathrm{gw}} = \frac{32G}{5c^5}\mathcal{M}^2 a^4 \omega^6 \tag{9.8}$$

其中应用了开普勒第三定律 $\omega^2 a^3 = G(M_1 + M_2)$。引力波能量的输出归根结底来自于双星系统的一半引力势能 (另一半转化为轨道运动的动能)

$$E_{\mathrm{gw}} = -\frac{GM_1 M_2}{2a} \tag{9.9}$$

即有

$$L_{\mathrm{gw}} = -\frac{GM_1 M_2}{2a^2}\frac{\mathrm{d}a}{\mathrm{d}t} \tag{9.10}$$

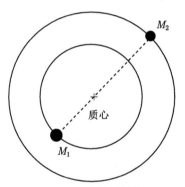

图 9.1　双星的圆轨道

　　结合 (9.8) 和 (9.10) 两式, 我们可以得到由引力波辐射导致的双星轨道演化方程

$$\frac{\mathrm{d}a}{\mathrm{d}t} = -\frac{64G^3}{5c^5 a^3}M_1 M_2\left(M_1 + M_2\right) = -\frac{a}{\tau_{\mathrm{gw}}} \tag{9.11}$$

其中引力波辐射时标定义如下:

$$\tau_{\mathrm{gw}} = -\frac{a}{\dot{a}} = \frac{5c^5 a^4}{64G^3 M_1 M_2\left(M_1 + M_2\right)} \tag{9.12}$$

需注意不同的文献对于该引力波时标的定义可能存在系数的差异。随着距离 a 不断减小, 轨道角频率 ω 不断增大, 引力波辐射不断增强, 主导双致密星系统的长

期演化。具体来看，从式 (9.11) 我们可以解得

$$a(t) = a_{\mathrm{i}} \left(1 - \frac{4t}{\tau_{\mathrm{gw,i}}} \right)^{1/4} \tag{9.13}$$

再结合 $\omega^2 a^3 = G(M_1 + M_2)$ 和 $P = 2\pi/\omega$，则可以得到双星轨道角频率和周期的演化

$$\frac{\mathrm{d}\omega}{\mathrm{d}t} = \frac{96 G^{5/3}}{5 c^5} \frac{M_1 M_2}{(M_1 + M_2)^{1/3}} \omega^{11/3} = \frac{3}{2} \frac{\omega}{\tau_{\mathrm{gw}}} \tag{9.14}$$

$$\frac{\mathrm{d}P}{\mathrm{d}t} = -\frac{192 \pi G^{5/3}}{5 c^5} \frac{M_1 M_2}{(M_1 + M_2)^{1/3}} \left(\frac{2\pi}{P} \right)^{5/3} = -\frac{3}{2} \frac{P}{\tau_{\mathrm{gw}}} \tag{9.15}$$

由于引力波辐射能损，双致密星系统将发生并合。对于银河系内目前已知的双中子星系统，它们的轨道周期大概介于 0.1 天到 10 天之间，对应的双星距离大概处于 (0.005~0.1)AU 的范围内。将此数值代入式 (9.12)，可知它们的并合时标短的大概有几亿年，长的则要比宇宙的年龄还要长很多。因此，要观测到并合事件显然是不容易的。

不过，PSR B1913 + 16 等双中子星系统的存在，仍然使人们可以通过监测它们的轨道变化去间接检验广义相对论和引力波理论。针对实际的系统，理论计算中还需要引入轨道偏心率的影响。此时，方程 (9.15) 需改写为 [133,174]

$$\frac{\mathrm{d}P}{\mathrm{d}t} = -\frac{3}{2} \frac{P}{\tau_{\mathrm{gw}}} \frac{1 + \dfrac{73}{24} e^2 + \dfrac{37}{96} e^4}{(1 - e^2)^{7/2}} \tag{9.16}$$

以及

$$\dot{e} = -\frac{1}{2} \frac{e}{\tau_{\mathrm{gw}}} \frac{\dfrac{19}{6} + \dfrac{121}{96} e^2}{(1 - e^2)^{5/2}} \tag{9.17}$$

其中 $\dot{e} < 0$ 表明引力波辐射使得偏心轨道圆化。同时，引力波幅度演化方程则可写为

$$\dot{h} = -\frac{1}{2} \frac{h}{\tau_{\mathrm{gw}}} \frac{1 + \dfrac{7}{8} e^2}{(1 - e^2)^{5/2}} \tag{9.18}$$

Taylor 等通过对 PSR B1913+16 的持续跟踪观测，发现其轨道变化与上述理论预期高度一致 (图 9.2)，从而间接证明了引力波辐射的存在。

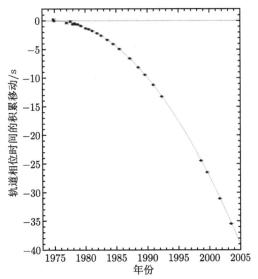

图 9.2　双中子星系统 PSR B1916+13 轨道衰减导致的轨道相移。图源：文献 [175]

9.2.2　并合事件

由于轨道的持续衰减，相互绕转的双致密星将最终发生接触和并合，发出最为强烈但也极为短暂的高频 (数十到数百赫兹) 引力波辐射。这个过程可分为**旋进 (inspiral)**、**并合 (merger)** 和**铃宕 (ringdown)** 三个阶段 (其中铃宕主要针对并合产物为黑洞的情况而言)，如图 9.3所示。2015 年 9 月 14 日，人类首次探测到来自一对黑洞并合的引力波辐射，既验证了广义相对论，同时也为天文学研究打开了一扇全新的窗口。

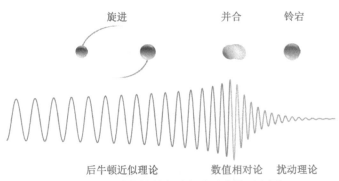

图 9.3　双致密星并合过程及引力波示意图

对于有中子星参与并合的情况，从旋进阶段两个星体靠得足够近开始，星体便不能被视作质点，其内部不同部位受到的外部引力场将出现明显差异。这种施加于星体的外部引力差被称为**潮汐力 (tidal force)**，它将使得参与并合的中子星发生显著形变乃至解体。潮汐形变产生的四极矩和潮汐力场之间的比例系数 λ_{td} 称为**潮汐形变 (tidal deformability)** 参数，它和中子星结构之间的关系为 [176]

$$\lambda_{\text{td}} = \frac{2}{3} R^5 k_2 \tag{9.19}$$

其中，R 是星体半径，参数 k_2 是四极矩 ($l = 2$) 潮汐 Love 数 [176]

$$
\begin{aligned}
k_2 = &\frac{8}{5} x^5 (1 - 2x)^2 \left[2 - y + 2x(y - 1) \right] \left\{ 2x \left[6 - 3y + 3x(5y - 8) \right] \right. \\
&+ 4x^3 \left[13 - 11y + x(3y - 2) + 2x^2(1 + y) \right] \\
&\left. + 3(1 - 2x)^2 \left[2 - y + 2x(y - 1) \right] \ln(1 - 2x) \right\}^{-1}
\end{aligned}
\tag{9.20}
$$

其中，$x = GM/Rc^2$ 是致密性参数，M 是星体引力质量，y 是下述方程的一个解 (取 $r = R$ 的值)

$$
\begin{aligned}
\frac{\mathrm{d}y}{\mathrm{d}r} = &- \frac{y^2}{r} - \frac{1 + 4\pi G r^2/c^2(P/c^2 - \rho)}{(r - 2GM_r/c^2)} y \\
&+ \left[\frac{2G/c^2(M_r + 4\pi r^3 P/c^2)}{\sqrt{r(r - 2GM_r/c^2)}} \right]^2 + \frac{6}{r - 2GM_r/c^2} \\
&- \frac{4\pi G r^2/c^2}{r - 2GM_r/c^2} \left[5\rho + 9P/c^2 + \frac{(\rho + P/c^2)^2 c^2}{\rho dP/d\rho} \right]
\end{aligned}
\tag{9.21}
$$

方便起见，人们还常常定义一个无量纲的潮汐形变参数

$$\Lambda = \lambda_{\text{td}} \left(GM/c^2 \right)^{-5} \tag{9.22}$$

图 9.4 展示了第一例双中子星并合事件的引力波，从中可获得的最主要信息是引力波的频率 f 及其变化率 $\dot{f}$。根据式 (9.14)，我们可以定义

$$\mathcal{M}_c = \frac{c^3}{G} \left[\left(\frac{5}{96} \right)^3 \pi^{-8} f^{-11} \dot{f}^3 \right]^{1/5} \tag{9.23}$$

称为双星系统的**啁啾质量 (chirp mass)**，其中引力波频率和双星轨道角频率之间的关系为 $\pi f = \omega$(注意其中存在倍频关系)。它和双星各自质量的关系为

$$\mathcal{M}_c = \frac{(M_1 M_2)^{3/5}}{(M_1 + M_2)^{1/5}} \tag{9.24}$$

所以，要从引力波信号中完全提取出双星的各自质量，光靠 f 和 $\dot{f}$ 是不够的，需要考虑其他因素对波形的影响。对引力波波形的精确拟合也即对致密星并合过程

的细致描述高度依赖于计算机的数值模拟，这个过程一般开始于潮汐效应起作用而结束于中心残留天体具有稳定的结构，计算量巨大。为了节约计算时间，通常需要对中子星的物态做些近似唯象表述，而重点着眼于对广义相对论效应的严格计算。与此相对应的，还有一类数值模拟则主要关注并合过程中的物质分布和运动以及其中的微观物理过程，所以常常将引力场作为时空背景，并采用一些后牛顿近似。这两种不同的数值研究方法能够展示并合过程的不同方面，都很重要，目前正在相互促进并趋于结合。

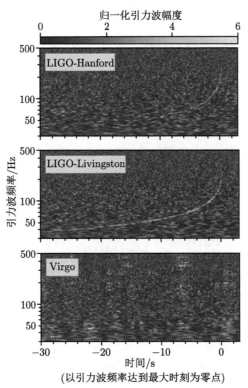

图 9.4   GW170817 双中子星并合事件中的引力波频谱。图源：文献 [38]

将数值计算结果和观测数据对比，人们可以获得对双星质量及其物态的重要限制。如图 9.5(a) 所示，考虑星体自旋从低到高的不同假设，GW170817 事件中的双星质量范围可分别限制为 $M_1 \in (1.36, 1.60)M_\odot$ 和 $M_2 \in (1.16, 1.36)M_\odot$。而图 9.5(b) 则展示了对双星潮汐形变参数的限制。当然，与质量的情况类似，观测直接限制的其实是有效潮汐形变量[38]

$$\tilde{\Lambda} = \frac{16}{13} \frac{(M_1 + 12M_2) M_1^4 \Lambda_1 + (M_2 + 12M_1) M_2^4 \Lambda_2}{(M_1 + M_2)^5} \tag{9.25}$$

从中推导出的 Λ_1 和 Λ_2 也会存在模型依赖。不过无论如何，对潮汐形变量的限定使我们能够对参与并合的中子星的物态做出重要限制，这是引力波探测为中子星研究提供的一项全新的重要贡献。另外，我们还可以从引力波数据中得到它的波幅

$$h = \sqrt{h_+^2 + h_\times^2} = \frac{4(G\mathcal{M}_c)^{5/3}}{c^4}\frac{(\pi f)^{2/3}}{d} \tag{9.26}$$

可见，结合引力波的频率和波幅，我们可以直接得到引力波源的距离 d。因此，如果可以同时通过引力波电磁对应体的观测获得它的宇宙学红移，那么就可以用这些引力波源来限制宇宙学参数——哈勃常数。基于这一性质，致密星并合事件也常常被视作测量宇宙的**标准"笛声"**(standard siren)。不过，因为引力波辐射并不是完全各向同性的，因此相比于式 (9.26)，实际探测到的引力波波幅还依赖于观测者相对于双星轨道平面的倾角。所以，把并合事件的引力波信号作为标准笛声仍存在一定的不确定性。

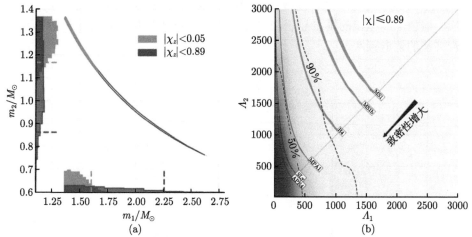

图 9.5　GW170817 引力波事件对中子星质量 (a) 和潮汐形变量 (b) 的限制，图中 χ 代表星体自旋的大小。图源：文献 [38]

最后，对于双中子星并合后产物，尽管有较大的可能会形成黑洞，但是由于中子星物态的不确定性，我们完全不能排除形成大质量中子星的可能性。这其实又分为几种情况，首先，该大质量中子星可能主要依靠最初的较差旋转离心作用来支撑，将在不到 1s 的时间内坍缩为黑洞，这一般被称作极大质量 (hypermassive)中子星。其次，该中子星即使在进入了均匀旋转阶段也仍然可以存在，只有当它的自转明显减慢的时候才会坍缩，这种则被称作超大质量 (supramasive) 中子星。最后，并合后的大质量中子星可能是一颗真正稳定的中子星，意思是它的大质量仍在中子星极限质量之下，这将要求中子星具有非常硬的物态。这里需要指出的

一点是，通过引力波测量得到的并合产物的质量并不等于而是小于并合前两个星体的质量之和。正如我们在第 2 章介绍 TOV 方程时提到的，当把分散的质量用引力组合到一起的时候，总的引力质量会变小。这种发生于双星并合时候的质量亏损，是引力波事件中辐射能量的主要来源。

不同性质及质量的并合产物原则上将导致不同的引力波辐射，这将是未来引力波探测的一个重要目标。为了和引力波探测器的灵敏度曲线比较，我们通常需利用傅里叶变换将时域的引力波波幅转化为频域的波幅[178]

$$\tilde{h}(f) = \int_{-\infty}^{\infty} e^{2\pi i f t} h(t) dt \tag{9.27}$$

并定义特征幅度 $h_c(f) = f|\tilde{h}(f)|$。如图 9.6所示，对于一颗并合产生的大质量中子星，其所发出引力波的谱型将具有如下几个特征频率。首先，具有最大特征幅度的峰值频率 (蓝色虚线)f_{peak} 决定于星体的四极矩振荡，它和星体准径向振荡频率 f_0 的耦合导致了绿色和红色虚线标记的两个峰，其频率分别为 $f_{2\pm0} = f_{peak} \pm f_0$。其次，橙色虚线标记的第二显著峰的频率 f_{spiral} 则来自中子星上两个位置相对的潮汐突起的轨道频率。

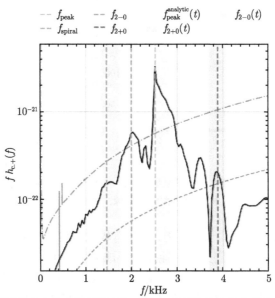

图 9.6　并合后中子星的引力波辐射频谱特征。灰色点划线和虚线分别表示 aLIGO 和爱因斯坦望远镜 (ET) 两个引力波探测器的灵敏度，几条垂直虚线标示引力波谱中的几个特征频率 (阴影区域表示其误差范围)。图源：文献 [179]

9.3　孤立中子星

9.3.1　椭率和自转演化

对于一个轴对称的物体,当它绕着对称轴旋转的时候,并不会有随时间变化的四极矩,因此也就不会有引力波辐射。但如果旋转轴和对称轴不平行,则有辐射。对于最一般的三轴椭球体而言,不妨记它的三个主惯量矩为 $I_1 = \frac{1}{5} M \left(b^2 + c^2 \right), I_2 = \frac{1}{5} M \left(a^2 + c^2 \right), I_3 = \frac{1}{5} M \left(a^2 + b^2 \right)$, 其中 a, b, c 是球体的三个半长轴。考虑球体绕 e_3 方向旋转,且至少有 $I_1 \neq I_2$。在固定不动的惯性参考系 (x, y, z) 中, 旋转球体的惯量矩分量分别为

$$I_{xx} = I_1 \cos^2 \phi + I_2 \sin^2 \phi = \frac{1}{2} \left(I_1 - I_2 \right) \cos 2\phi + 常数 \tag{9.28}$$

$$I_{xy} = I_{yx} = \frac{1}{2} \left(I_1 - I_2 \right) \sin 2\phi \tag{9.29}$$

$$I_{yy} = \frac{1}{2} \left(I_2 - I_1 \right) \cos 2\phi + 常数 \tag{9.30}$$

$$I_{zz} = 常数 \tag{9.31}$$

$$I_{xz} = I_{yz} = 0 \tag{9.32}$$

将这些量代入式 (9.5) 可得

$$
\begin{aligned}
L_{\mathrm{gw}} &= \frac{1}{5} \frac{G}{c^5} \left\langle \dddot{I}_{xx}^2 + 2 \dddot{I}_{xy}^2 + \dddot{I}_{yy}^2 \right\rangle \\
&= \frac{1}{5} \frac{G}{c^5} \frac{1}{4} (2\Omega)^6 \left(I_1 - I_2 \right)^2 \left\langle \cos^2 2\phi + 2 \sin^2 2\phi + \cos^2 2\phi \right\rangle \\
&= \frac{32}{5} \frac{G}{c^5} \left(I_1 - I_2 \right)^2 \Omega^6
\end{aligned}
\tag{9.33}
$$

通常我们定义

$$\epsilon \equiv \frac{a - b}{(a + b)/2} \tag{9.34}$$

为该三轴椭球体相对于旋转轴的椭率, 则上式可以改写为

$$L_{\mathrm{gw}} = \frac{32G}{5c^5} I^2 \epsilon^2 \Omega^6 \equiv -\frac{E_{\mathrm{rot}}}{4\tau_{\mathrm{gw}}} \tag{9.35}$$

其中

$$\tau_{\mathrm{gw}} \equiv \frac{5c^5}{128 G I \epsilon^2 \Omega^4} = 9.1 \times 10^7 I_{45}^{-1} \epsilon_{-5}^{-2} P_{-3}^4 \text{ s} \tag{9.36}$$

式中假设 ϵ 的值不大, 因而近似有 $I_1 \sim I_2 \sim I_3 \sim I_0$。

将式 (9.36) 和式 (5.32) 的磁偶极辐射时标相比较可以看到, 对于旋转特别快而磁场不是太强的中子星, 如果椭率比较大, 将会出现 $\tau_{\mathrm{gw}} < \tau_{\mathrm{md}}$ 的情况。此时, 引力波辐射将超过磁偶极辐射在一段时间内主导中子星的自转演化, 相应的演化方程为

$$\frac{\mathrm{d}\Omega}{\mathrm{d}t} = -\frac{32G}{5c^5} I\epsilon^2 \Omega^5 = -\frac{\Omega}{4\tau_{\mathrm{gw}}} \tag{9.37}$$

对应的制动指数为 $n = 5$。由上式可以解得引力波辐射主导下的自转演化函数

$$\Omega(t) = \Omega_{\mathrm{i}} \left(1 + \frac{t}{\tau_{\mathrm{gw,i}}}\right)^{-1/4} \tag{9.38}$$

和引力波辐射光度

$$L_{\mathrm{gw}} = L_{\mathrm{gw,i}} \left(1 + \frac{t}{\tau_{\mathrm{gw,i}}}\right)^{-3/2} \tag{9.39}$$

其中

$$L_{\mathrm{gw,i}} = \frac{32G}{5c^5} I^2 \epsilon^2 \Omega_{\mathrm{i}}^6 = 1.1 \times 10^{44} I_{45}^2 \epsilon_{-5}^2 P_{\mathrm{i},-3}^{-6} \text{ s} \tag{9.40}$$

该值超过了式 (5.34) 给出的磁偶极辐射光度。在引力波辐射主导的自转演化情况下, 磁偶极辐射光度的时间演化可以写为

$$L_{\mathrm{md}}(t) = \frac{B_p^2 R^6 \Omega^4}{6c^3} \sin^2 \chi = L_{\mathrm{md,i}} \left(1 + \frac{t}{\tau_{\mathrm{gw,i}}}\right)^{-1} \tag{9.41}$$

需要指出的是, 中子星要产生足够大的椭率实际上并不容易。所以, 对于通常的脉冲星, 我们一般认为它们的自转演化仍然决定于磁偶极辐射, 并据此来估计它们的磁场和年龄。不过, 对于旋转很快的毫秒脉冲星, 它们会引发很多流体力学不稳定性, 也可能引起质量四极矩的变化, 从而导致引力波辐射。

9.3.2 r 模不稳定性

在一个具有任意旋转速度的理想流体星体中, 由于科里奥利力的作用, 将出现一种准环形的流体力学扰动模式, 称为 r 模扰动。这种扰动也将引起引力波辐射, 并由于 Chandrasekhar-Friedman-Schutz 不稳定性而使扰动不断增长, 继而又使引力波辐射增强, 由此形成了星体的 r 模不稳定性[180,181]。当然, 对于实际的星体, r 模扰动的增长将一定程度上受到星体物质黏滞耗散的抑制。因此, 最终的 r 模演化将决定于黏滞耗散效应与引力波不稳定性效应之间的竞争。

在球坐标系 (r, θ, ϕ) 下, 求解旋转星体关于 r 模振幅 (α) 的一阶流体力学方程, 可以得到速度的一阶扰动项[182]

$$\delta^{(1)}v^r = 0 \tag{9.42}$$

$$\delta^{(1)}v^\theta = \alpha\Omega C_l l \left(\frac{r}{R}\right)^{l-1} \sin^{l-2}\theta \sin(l\phi + \omega t) \tag{9.43}$$

$$\delta^{(1)}v^\phi = \alpha\Omega C_l l \left(\frac{r}{R}\right)^{l-1} \sin^{l-2}\theta \cos\theta \cos(l\phi + \omega t) \tag{9.44}$$

和二阶扰动项 [183]

$$\delta^{(2)}v^r = \delta^{(2)}v^\theta = 0 \tag{9.45}$$

$$\delta^{(2)}v^\phi = \frac{1}{2}\alpha^2\Omega C_l^2 l^2(l^2 - 1)\left(\frac{r}{R}\right)^{2l-2} \sin^{2l-4}\theta$$
$$+ \alpha^2\Omega A r^{N-1} \sin^{N-1}\theta \tag{9.46}$$

这里 R 和 Ω 分别是未扰动星体的半径和零级旋转角速度，且有 $\omega = -\Omega(l + 2)(l-1)/(l+1)$，$C_l = (2l-1)!!\sqrt{(2l+1)/[2\pi(2l)!l(l+1)]}$，$A$ 和 N 是决定于扰动初始状态的两个常数。对于最重要的 $l = 2$ 模式，二阶项 $\delta^{(2)}v^\phi$ 表示 r 模扰动引起的较差旋转，即流体元沿着星体纬线的大尺度漂移。

利用 $\delta^{(1)}v^i$ 和 $\delta^{(2)}v^i$，可以得到相应的拉格朗日位移的一阶项和二阶项，$\xi^{(1)i}$ 和 $\xi^{(2)i}$。然后，令 $N = 2l - 1$ 并引入自由参数 K 重新定义 $A = \frac{1}{2}KC_l^2 l^2 (l+1)R^{2-2l}$，我们可以写出精确到 α 二阶程度的 r 模扰动角动量 $(l = 2)$ [184]

$$J_r = \frac{4K + 5}{2}\alpha^2 \tilde{J} M R^2 \Omega \tag{9.47}$$

和能量

$$E_r = \frac{4K + 9}{2}\alpha^2 \tilde{J} M R^2 \Omega^2 \tag{9.48}$$

其中，M 为星体质量，$\tilde{J} = 1.635 \times 10^{-2}$。当 $K = -2$ 时，较差旋转消失。考虑到引力波辐射对 r 模扰动的增长效应和黏滞耗散效应，r 模的角动量和能量守恒可分别表示为

$$\frac{\mathrm{d}J_r}{\mathrm{d}t} = \frac{2J_r}{\tau_g} - \frac{2J_r}{\tau_v} \tag{9.49}$$

$$\frac{\mathrm{d}E_r}{\mathrm{d}t} = \frac{2E_r}{\tau_g} - \frac{2E_r}{\tau_v} \tag{9.50}$$

这里黏滞时标 $\tau_v = (\tau_{sv}^{-1} + \tau_{bv}^{-1})^{-1}$。假定中子星物质具有最简化的物态方程 $P \propto \rho^2$，那么与引力波辐射、剪切黏滞和体黏滞相关的时标可分别写为 [185]

$$\tau_{\rm g} = 3.26 \left(\Omega / \sqrt{\pi G \bar{\rho}} \right)^{-6} \text{ s} \tag{9.51}$$

$$\tau_{\rm sv} = 2.52 \times 10^8 T_9^{-2} \text{ s} \tag{9.52}$$

$$\tau_{\rm bv} = 6.99 \times 10^8 T_9^{-6} \left(\Omega / \sqrt{\pi G \bar{\rho}} \right)^{-2} \text{ s} \tag{9.53}$$

这里中子星的质量和半径分别取为 $M = 1.4 M_\odot$ 和 $R = 12.53 \text{km}$。依赖于星体角速度的引力波不稳定性和依赖于角速度与温度的黏滞性之间的竞争，将在 T-Ω 图上确定出一块 r 模不稳定的区域 (图 9.7 中阴影区域)：

$$\frac{1}{\tau_{\rm g}} - \frac{1}{\tau_{\rm v}} > 0 \tag{9.54}$$

在这个区域内，任何微小的扰动都将被快速放大而使星体变得不稳定。

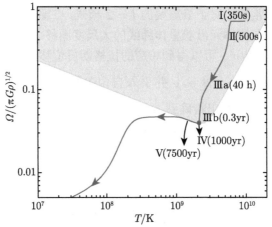

图 9.7　中子星的 r 模不稳定性窗口 (阴影区域) 及其影响下的演化轨迹。演化方向由箭头所示，各个阶段的持续时间如图中标示，其中引力波辐射主要发生在圆点标记的第 IV 阶段。模型参数取 $B_{\rm p} = 10^{12}\text{G}$，$K = 100$。图源：文献 [186]

需要注意到，r 模不稳定性的演化不是孤立的，它所携带角动量的增加即意味着星体整体角动量的减小，而同时扰动能量的黏滞耗散则意味着星体内能的增加。因此，对 r 模演化方程的求解，需联立自转演化方程和热演化方程，其最终结果如图 9.7 中曲线所示。可以看到，中子星将在不稳定性窗口的边缘上停留较长一段时间 (对于 $K = 2$ 的情况为数千到上万年)，这段时间内它将持续辐射引力波 (图 9.8)。由 r 模扰动所引起的引力波辐射的强度依赖于 r 模扰动的饱和幅度：$h(t) \propto \alpha \Omega^3$，而其频率与星体旋转频率之间的关系则为 $f = 2\Omega/(3\pi)$ [185]。

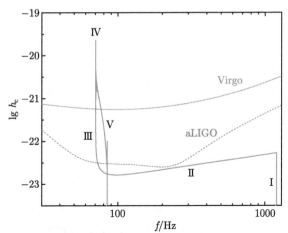

图 9.8　与图 9.7中演化轨迹相对应的引力波辐射。虚线和点划线分别代表引力波探测器 aLIGO 和 Virgo 的灵敏度。图源：文献 [186]

第 10 章　剧烈爆发现象

10.1　超　新　星

在大质量恒星的核心发生坍缩形成原中子星的过程中，物质的过度压缩将导致反弹，从而阻止物质继续下落并使原中子星外围物质向外运动。向外高速运动的物质和更外面仍在下落物质之间发生激烈的碰撞导致**反弹激波 (bounce shock)** 形成。该激波将在整个恒星包层中传播至从恒星表面突破。自此，恒星包层物质将开始整体向外运动，即为**超新星 (supernova)** 爆发 [187,188]。需要指出，仅靠原中子星最初所积聚的反弹势能，并不足以使激波将整个恒星包层炸开，所以超新星爆发的成功实现很可能意味着反弹激波还接受了其他能量的注入。一种最可能的能量来源便是原中子星的中微子辐射 [189,190]，因为它携带了恒星坍缩所释放的巨大引力势能。如果中微子在离开原中子星后能够有 1% 左右转化为正负电子对，便足以使超新星成功爆发。另外，原中子星的强磁场也有可能对超新星爆发做出重要贡献 [191,192]。

如图 10.1所示，反弹激波穿越恒星包层的过程，是对包层物质加热和加速的过程。波后物质温度大幅升高将使其中发生大量的吸热核聚变，形成以 ^{56}Ni 为代表的放射性重元素。这些放射性元素的形成达到了将大量内能以结合能形式储存起来的效果，后续再通过元素的衰变释放。^{56}Ni 首先衰变为 ^{56}Co，然后再回到 ^{56}Fe，这个过程中折算到单位质量 ^{56}Ni 的能量释放率可写为

$$\dot{q} = (\epsilon_{\mathrm{Ni}} - \epsilon_{\mathrm{Co}})\, \mathrm{e}^{-\frac{t}{\tau_{\mathrm{Ni}}}} + \epsilon_{\mathrm{Co}} \mathrm{e}^{-\frac{t}{\tau_{\mathrm{Co}}}} \tag{10.1}$$

其中，$\epsilon_{\mathrm{Ni}} = 3.90 \times 10^{10} \mathrm{erg \cdot s^{-1} \cdot g^{-1}}$，$\epsilon_{\mathrm{Co}} = 6.78 \times 10^{9} \mathrm{erg \cdot s^{-1} \cdot g^{-1}}$，$\tau_{\mathrm{Ni}} = 8.76$天，$\tau_{\mathrm{Co}} = 111.42$天。这些能量释放使超新星抛射物在向外膨胀的过程中受到持续的加热而保持较高的温度。因此，在一段时间内，超新星抛射物将发出十分明亮的热辐射，即超新星辐射。

超新星辐射的具体性质决定于放射性能量的产生、热化和输出，这与第 3 章中对中子星热辐射的讨论类似，只是超新星抛射物还存在绝热膨胀过程。大量的内能将消耗于对抛射物的膨胀做功而非辐射，使抛射物获得一定程度的加速。记单位质量的内能密度为 u，它的演化将决定于

$$\frac{\partial u}{\partial t} = \dot{q} - \frac{1}{4\pi r^2 \rho} \frac{\partial L}{\partial r} + \frac{P}{\rho^2} \frac{\partial \rho}{\partial t} \tag{10.2}$$

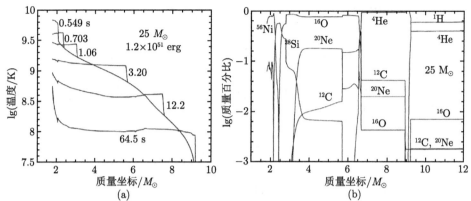

图 10.1　超新星反弹激波的波后温度演化 (a) 及其导致的包层中的重元素合成 (b)。
图源：文献 [193]

右边第一项为加热项，第二项为热传递项 (L 为热流光度)，第三项则为绝热膨胀
能损率，ρ 为质量密度。采用第 3 章中的近似处理，这里也只考虑抛射物的整体
内能 U 的演化，即

$$\frac{\mathrm{d}U}{\mathrm{d}t} = L_{\mathrm{in}} - L_{\mathrm{e}} - P\frac{\partial V}{\partial t} \tag{10.3}$$

其中，$L_{\mathrm{in}} = \dot{q}M_{\mathrm{Ni}}$ 为总的能量注入率，M_{Ni} 为 ^{56}Ni 的总质量，L_{e} 为表面 (光球
面) 的辐射光度，P 为抛射物内的平均压强，V 为总体积。

在内能由辐射主导的情况下，我们有 $P = u/3 = U/3V$。同时，热流光度可
根据式 (3.7) 写为

$$L = -4\pi r^2 \frac{c}{3\kappa\rho}\frac{\partial u}{\partial r} \tag{10.4}$$

作为一种数量级估算，我们考虑

$$\frac{\partial u}{\partial r} \sim \frac{u}{R} \sim \frac{U}{VR} \tag{10.5}$$

其中 R 是抛射物的外半径。在此假设下，可以将表面热光度写为

$$L_{\mathrm{e}} = \frac{Uc}{R\tau}\left(1 - \mathrm{e}^{-\tau}\right) \tag{10.6}$$

其中，$\tau = \kappa\rho R$ 是抛射物的光深，κ 是不透明度，$(1 - \mathrm{e}^{-\tau})$ 的引入是为了使该式
适用于 $\tau < 1$ 的情况。结合 (10.1)、(10.3) 和 (10.6) 三式，我们便可以近似计算
超新星辐射光度随时间的变化，得到其光变曲线 (图 10.2)。通常，我们还可以用

如下积分公式来近似表达上述微分方程的热光度解[194,195]

$$L_e(t) = e^{-\left(\frac{t}{t_d}\right)^2} \int_0^t 2L_{in}(t') \left(\frac{t'}{t_d}\right) e^{\left(\frac{t'}{t_d}\right)^2} \frac{dt'}{t_d} \tag{10.7}$$

其中 t_d 表示光子在抛射物中的扩散时标。记光子的平均自由程为 $\lambda = 1/\kappa\rho$, 则扩散时标可根据随机行走理论给出

$$t_d = \left(\frac{R}{\lambda}\right)^2 \frac{\lambda}{c} = \frac{3\kappa M_{ej}}{4\pi R c} \tag{10.8}$$

其中, λ/c 表示光子每走一步所花费的时间, $(R/\lambda)^2$ 表示总共所走的步数, M_{ej} 是抛射物的总质量。记抛射物膨胀速度为 v 且 $R \sim vt$, 则上式可进一步改写为

$$t_d = \left(\frac{3\kappa M_{ej}}{4\pi c v}\right)^{1/2} \tag{10.9}$$

该扩散时标表示光子可以自由逸出抛射物的时间, 所以也就决定了辐射达到峰值的时间。而与此相应的峰值光度则可以由 $L_{in}(t_d)$ 给定。由 $t = t_d$, 可以得到超新星峰值辐射时抛射物的光深为

$$\tau = \frac{c}{v} \tag{10.10}$$

可见, 峰值辐射的发生并不需要整个抛射物变为光学薄。

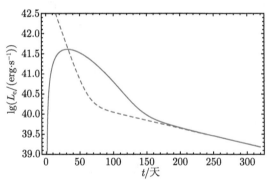

图 10.2　超新星热光度随时间的演化 (实线)。虚线为放射性元素衰变的总能量释放率, 参数取值为 $M_{ej} = 5M_\odot$, $M_{Ni} = 0.2M_\odot$, $v = 10^9 cm \cdot s^{-1}$ 以及 $\kappa = 0.2 cm^2 \cdot g^{-1}$

根据计算所得到的热光度, 我们可以进一步给出超新星辐射对应的黑体温度

$$T_{BB} = \left(\frac{L_e}{4\pi R_{ph}^2 \sigma}\right)^{1/4} \tag{10.11}$$

并以此确定其辐射光谱和单色谱光度

$$L_\nu = \frac{8\pi^2 R_{\rm ph}^2}{c^2} \frac{h\nu^3}{e^{h\nu/kT_{\rm BB}} - 1} \tag{10.12}$$

这里 $R_{\rm ph}$ 表示光球面的半径, 它的定义是 $\kappa\rho(R - R_{\rm ph}) = 1$, 因为抛射物最外面光学薄的那一层 (光球层) 对黑体谱的塑造没有贡献。原则上, 我们利用上述两式便可以继续给出超新星分波段的光变曲线。不过, 这个结果高度依赖于对光球半径的确定, 所以也就依赖于对抛射物密度分布的事先假定。

前身星及其环境性质的不同会导致能源机制的不同, 同时也会体现在超新星的辐射光谱上, 对于不同类型超新星的各种细节特征这里不再详述。在极端情况下, 超新星爆发所形成的中子星可能具有接近开普勒极限 $\Omega_{\rm K}$ 的旋转速度并同时还是一颗磁陀星, 这样的中子星可称为**毫秒磁陀星** (millisecond magnetar)。在这种情况下, 这些中子星将通过磁偶极辐射在极短的时间内释放巨大的能量, 并最终通过各种形式注入到抛射物中。在恰当的时间内吸收了这些额外的能量后, 超新星辐射的光度将被大大提升, 达到普通超新星光度的数十至上百倍, 这可能正是近十余来年所发现的**超亮超新星** (superluminous supernova) 的一种起源 [56,57,196]。其计算可以通过令 $L_{\rm in}$ 等于中子星的磁偶极辐射光度 $L_{\rm md}$ 而得到。当然, 更仔细的计算则需要考虑脉冲星风和超新星抛射物的具体相互作用, 其过程类似于第 6 章中介绍的超新星遗迹中的脉冲星风泡。

10.2 千 新 星

类似于超新星辐射的现象也可能出现在致密星并合的过程中, 如果有中子星参与并合的话。中子星的物质除了向并合中心聚集外, 也会有少量被抛射到星际空间 [197], 从而造成可观测的效应。最先引起物质抛射的是星体之间的潮汐离心作用, 其效果高度依赖于双星轨道的偏心率和双星之间的质量比。对于具有近圆轨道的两个中子星, 质量比越大, 其较小中子星的形变就越厉害。形变解体后的中子星将在轨道平面形成一条巨大的螺旋臂, 旋臂外围的物质将被抛射 (比如文献 [198,199]), 如图 10.3 所示。不过, 对于中子星和黑洞的并合, 黑洞的大质量和自旋有可能使其最小稳定圆轨道大于中子星的潮汐半径。在这种情况下, 中子星将被黑洞直接吞噬而没有物质抛射。对于轨道偏心率极大的双致密星系统, 潮汐动力学物质抛射过程可能极为复杂, 因为并合前的多次近星接触将引起星体间的物质交换以及导致系统的振荡。除了潮汐作用外, 对于两个中子星的并合, 在它们发生接触的瞬间, 接触面的挤压作用将激发一对强大的激波, 使相当一部分物质被加热。然后, 在热压作用下, 这些物质将沿着垂直轨道平面的方向抛射 [200]。总的来说, 潮汐抛射物和挤压抛射物的质量和速度相当, 但中子丰度可能存在显著的差异, 因为激波加热和中微子照射可促使挤压抛射物中的中子衰变。

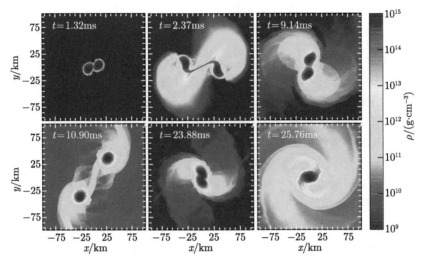

图 10.3　双中子星并合过程的流体力学数值模拟。图源：文献 [199]

双致密星并合后，在并合产物 (大质量中子星或黑洞) 的周围，会形成质量为 $(0.01 \sim 0.03)M_\odot$ 的吸积盘。在最初 0.1s 内，来自吸积盘内部的中微子辐射将加热盘表面的物质，形成盘风，主要沿着垂直于吸积盘的方向向外传播 (如文献 [201])。大概 1s 后，盘风将可能变得更加强烈，主要由吸积盘黏滞耗散及 α 粒子与自由核子的复合等加热机制导致 [202]。相应地，盘风的电子丰度可能从最初的 $Y_e \sim (0.3 \sim 0.4)$ 演变为 $Y_e \sim 0.2$，因为早期的中微子照射可使电子丰度较高。当然，如果并合产物是一颗较长时间存在的大质量中子星，那么来自中子星的中微子辐射将长期照射盘风，使盘风的电子丰度始终维持在较高的状态 [203]。此时，盘风抛射物的质量也将被显著提高，乃至超过动力学抛射物的质量。相比于动力学抛射物，一般认为盘风抛射物的速度较低。

在富中子条件和极高的温度下，低质量数的核素可以通过快速俘获多个自由中子而形成远离稳定核区的富中子核素，该过程的发生时标远小于该富中子核素的衰变时标，因而被称为**快中子俘获过程 (r 过程)**。1957 年，A. G. W. Cameron 和 E. M. Burbidge 等最早提出，r 过程可能是宇宙中超重元素 (质量数 $A > 60$) 的主要形成机制 [205, 206]。鉴于 r 过程对反应物的中子丰度具有极高的要求，中子星并合产生的抛射物无疑是 r 过程能够发生的最有效场所 [207, 208]。r 过程元素远离核素的稳定岛区域，因而是非常不稳定的。它们将通过多次 β 衰变、α 衰变以及裂变，最终到达相应的稳定核区。这些放射性衰变过程释放出来的能量将由电子、α 粒子、MeV 的伽马光子以及中微子所携带，最终被抛射物不同程度地吸收。李立新和 B. Paczyński 在 1998 年最早研究了被放射性加热的并合抛射物的热辐射 [209]，目前一般称这种辐射为**千新星 (kilonova)** 辐射 [210]，因为它的峰值光度

大概在 $10^{41}\mathrm{erg\cdot s^{-1}}$ 量级 (是普通新星的千倍)。自 2015 年探测到引力波以来, 对千新星的观测搜寻成为一个非常热门的课题, 因为它作为引力波的电磁对应体将十分有助于认证引力波源的性质。2017 年 8 月 17 日, 人们首次在双中子星并合引力波事件 GW170817 中观测到与之成协的千新星 AT2017gfo [211-213], 其光变和光谱如图 10.4 所示。

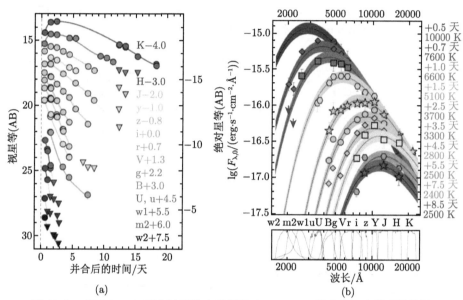

(a)　　　　　　　　　　　　　(b)

图 10.4　GW170817 引力波事件中千新星 AT2017gfo 的光变和光谱观测数据。
图源: 文献 [214]

有关千新星的理论计算, 其方法总体上与超新星相同。但是, 在物理输入上存在两个显著差别, 一是能源不同, 二是不透明度不同。千新星辐射的能量主要来自很多种 r 过程元素的衰变。具体来说, 每种元素的能量释放率可以写为关于其衰变时标的指数衰减函数, 然后假设各种 r 过程元素的数目相对衰减时标的对数具有平权的连续分布, 那么并合抛射物总的能量释放率就可以近似为简单的幂律衰减形式: $L_{\mathrm{in}} = f M_{\mathrm{ej}} c^2 / t$, 其中 f 为能量释放的效率因子, M_{ej} 是抛射物的质量。这一结果与详细的核反应模拟计算结果基本一致, 如图 10.5所示。对于不透明度, 则更加依赖于物质的具体组分情况, 尤其是镧系元素的丰度, 因为它们的出现将使不透明度显著提高 [215]。具有不同不透明度的抛射物将产生不同的辐射成分。当不透明度较高时, 辐射溢出时间将被显著推迟, 此时辐射半径较大, 因而光子能量较低, 具有显著的红化效果。

最后, 对于双中子星并合, 如果产物仍然是一颗大质量的稳定中子星 [57], 那么由于这颗中子星极大概率是处于高速旋转的, 因此它强大的能量输出 (相对论性星风) 将与并合抛射物发生激烈作用，从而深刻影响千新星的辐射，比如增强能量的注入、改变抛射物的不透明度以及直接贡献非热辐射成分等 [216-218]。分析发现，并合后中子星的这些效应能够有效改善人们对于 GW170817 引力波事件中千新星 AT2017gfo 辐射的理解 [59]，这反映了大质量中子星可能存在，从而为中子星的物态提供了重要限制。在这种情况下，由于额外的能量注入，千新星的辐射光度原则上可以比 $10^{41}\text{erg}\cdot\text{s}^{-1}$ 高很多，因此我们也建议采用一个新的名词——**并合新星 (mergernova)** 来指代这种辐射现象 [216]。

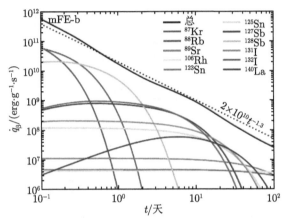

图 10.5　并合抛射物中各种放射性元素 β 衰变的能量释放率随时间的变化。图源：文献 [204]

10.3　伽马射线暴

在角动量足够大的情况下，大质量恒星的核心坍缩和双致密星并合都可能在垂直轨道平面方向驱动一对极端相对论性的**喷流 (jet)**。这对喷流的形成是爆发产生的中心致密天体及其周围超爱丁顿吸积盘在短时间内释放巨大能量的结果。并且，很可能由于前身星物质特别是中心致密天体及吸积盘的强磁场作用，这些能量被约束在一个具有很小张角的锥形区域内。这些能量及其裹挟的物质在这个锥形区域内被加速、集束形成喷流，并最终冲出前身星范围产生可被观测的辐射。当这个相对论性喷流恰好指向地球的时候，就可能造成一种**伽马射线暴 (gamma-ray burst)** 现象，即在短时间内观测到伽马射线流量突然增强的现象。伽马暴 (以下均采用此简称) 辐射的时长主要决定于中心引擎工作的持续时间。因此，分别起源于大质量恒星核心坍缩和双致密星并合的伽马暴会在持续时间上存在显著差异。前者坍缩过程大约可以持续数秒到数百秒，后者则一般不超过 2s。这一差异恰好与观测上的样本聚类一致。有关伽马暴观测的详细论述可参见文献 [219-223] 等的综述，下面仅简要介绍相关理论模型的主要内容 (理论综述可参见文献 [223-225])。

10.3.1 火球和内激波

依据伽马暴观测,其辐射的各向同性等效能量高达 $10^{50} \sim 10^{53}$erg(实际能量需根据喷流的张角进行修正),而喷流洛伦兹因子则需达到数百,具有极端相对论性。如在 8.3 节中提到,小尺度范围内的巨大能量释放将导致火球的形成。在磁陀星情况下,由于爆发能量相对较小,因而火球可被表面的磁力线束缚。而对于伽马暴而言,在极其巨大的辐射压作用下,火球将通过绝热膨胀而加速,一定程度上类似于超新星抛射物的情况。但非常不同的是,伽马暴火球将加速到相对论性的速度,因此需用 6.1.2 节开头介绍的相对论流体力学方程组来描述。原则上,只要给定火球初始时刻物质、内能、速度随半径 r 的分布,通过求解该方程组便可确定任意时刻的火球状态。

由于火球的辐射主导性质,我们可以利用 $P' = (1/3)e'$ 将方程 (6.7) 和 (6.8) 变形得到

$$\frac{1}{c}\frac{\mathrm{d}}{\mathrm{d}t}\ln(P'^3\Gamma^4) = -\frac{4}{r^2}\frac{\partial}{\partial r}(r^2\beta) \tag{10.13}$$

$$\frac{\mathrm{d}}{\mathrm{d}t}(P'\Gamma^4) = \Gamma^2\frac{\partial P'}{\partial t} \tag{10.14}$$

其中对流导数 $\frac{1}{c}\frac{\mathrm{d}}{\mathrm{d}t} = \frac{1}{c}\frac{\partial}{\partial t} + \beta\frac{\partial}{\partial r}$。将式 (10.13) 代入方程 (6.5) 得

$$\begin{aligned}
0 &= \frac{1}{c}\frac{\partial\rho}{\partial t} + \frac{1}{r^2}\frac{\partial}{\partial r}(r^2\rho\beta) = \frac{1}{c}\frac{\partial\rho}{\partial t} + \frac{\rho}{r^2}\frac{\partial}{\partial r}(r^2\beta) + \beta\frac{\partial\rho}{\partial r} \\
&= \frac{1}{c}\frac{\mathrm{d}\rho}{\mathrm{d}t} - \frac{1}{c}\frac{\rho}{4}\frac{\mathrm{d}}{\mathrm{d}t}\ln(P'^3\Gamma^4)
\end{aligned} \tag{10.15}$$

即有

$$0 = \frac{4}{\rho}\frac{\mathrm{d}\rho}{\mathrm{d}t} - \frac{\mathrm{d}}{\mathrm{d}t}\ln(P'^3\Gamma^4) = 4\frac{\mathrm{d}}{\mathrm{d}t}\ln\left(\frac{\rho'}{P'^{3/4}}\right) \tag{10.16}$$

上式表明,对于相对论流体有 $\rho' \propto P'^{3/4}$,于是可类比质量守恒方程将能量守恒方程近似表述为

$$\frac{1}{c}\frac{\partial}{\partial t}(e'^{3/4}\Gamma) + \frac{1}{r^2}\frac{\partial}{\partial r}(r^2 e'^{3/4}u) = 0 \tag{10.17}$$

接下来,不妨将坐标 r 和时间 t 代换为 r 和 $s = ct - r$,可以有

$$\mathrm{d}s = c\mathrm{d}t - \mathrm{d}r = c(1-\beta)\mathrm{d}t$$

$$\Rightarrow \mathrm{d}t = \frac{\mathrm{d}s}{1-\beta} = \Gamma^2(1+\beta)\mathrm{d}s \tag{10.18}$$

将此代入方程 (6.5) 和式 (10.17)，有

$$\frac{1}{r^2}\frac{\partial}{\partial r}(r^2 n' u) = -\frac{\partial}{\partial s}\left(\frac{n'}{\Gamma + u}\right)$$
$$\frac{1}{r^2}\frac{\partial}{\partial r}(r^2 e'^{3/4} u) = -\frac{\partial}{\partial s}\left(\frac{e'^{3/4}}{\Gamma + u}\right) \tag{10.19}$$

当火球加速到 $\Gamma \gg 1$ 时，s 值的变化逐渐趋向于无穷小，则由该变量变化引起的函数值变化可以忽略 (即方程组右边近似为零)。于是得到

$$r^2 n' \Gamma = 常数 \tag{10.20}$$

$$r^2 e'^{3/4} \Gamma = 常数 \tag{10.21}$$

该结果具有两个极限近似：①辐射主导阶段 ($e' \gg n' m_{\mathrm{p}} c^2$)，我们有

$$\Gamma \propto r, \ n' \propto r^{-3}, \ e' \propto r^{-4}, \ T \propto \Gamma e'^{1/4} \sim 常数 \tag{10.22}$$

其中 T 为火球温度。在此阶段，洛伦兹因子随半径呈线性增长，火球随动系体积正比于 r^3(其中一个方次是由相对论变换引起的)。②物质主导阶段 ($e' \ll n' m_{\mathrm{p}} c^2$)，我们有

$$\Gamma \sim 常数, \ n' \propto r^{-2}, \ e' \propto r^{-8/3}, \ T \propto \Gamma e'^{1/4} \propto r^{-2/3} \tag{10.23}$$

在此阶段，洛伦兹因子保持不变，即为滑行阶段。

上述结果中不显含变量 t，表明火球性质对时间的依赖关系可以完全由其对半径的依赖关系来反映，半径与时间之间存在近似一一对应关系 (即暗示火球经历了近似自相似的演化)。变量 $s \sim 0$(膨胀速度接近光速) 的引入，物理上等价于将所有时刻的火球都近似地放到了零时刻，从而组成了一个与时间无关的静态星风型 (指在半径 r 以内物质弥漫分布) 火球。即自由膨胀火球随时间所经历的所有状态，恰如静态星风型火球随半径变化而得到的状态，因此只需要由静态流体力学方程组描述。基于以上分析，我们可以想象，火球在膨胀中很可能维持着一个厚度不变的薄壳层结构，这一点与膨胀的相对论性是密切相关的。

上述推导假定辐射和物质始终高度耦合，而实际上由于火球不断膨胀，物质密度不断降低，很可能在进入滑行阶段之前就发生物质和辐射的脱耦 (即物质对于辐射已变为光学薄)。这个时候，绝对多数的辐射能量将从火球中泄漏出来，表

现为一个强烈的黑体辐射信号，这种信号也确实出现在某些伽马暴的能谱中。但是无论如何，伽马暴的辐射能谱在绝大多数时候仍为具有分段幂律形式的非热谱，而非黑体谱。因此，伽马暴辐射更应来自于完成加速后相对论性喷流的内耗散过程。一种最简单的想法是，中心引擎的能量释放并不是均匀的，而是可能发生剧烈的间断性喷流，即喷流可由一系列不同速度 (但都接近光速) 的薄片组成。这些薄片将在某个位置发生激烈的碰撞而激发一系列的激波，使喷流动能转化为内能，其能量转化效率可估计如下。

当两个洛伦兹因子分别为 Γ_s 和 Γ_r 的壳层 (记为 s 和 r)，在相隔 Δt 的时间内相继从中心引擎发出，在未考虑它们因为环境物质而减速的情况下，它们将在半径

$$r_{\rm is} = \frac{\beta_{\rm r}\beta_{\rm s}c\Delta t}{\beta_{\rm r} - \beta_{\rm s}} \approx \frac{2\Gamma_{\rm s}^2 c\Delta t}{1 - (\Gamma_{\rm s}/\Gamma_{\rm r})^2} \approx 6 \times 10^{14}\Gamma_{\rm s,3}^2\Delta t_{-2} \text{ cm} \tag{10.24}$$

处发生碰撞而后合并。不妨将两个壳的静质量分别记为 $m_{\rm s}$ 和 $m_{\rm r}$，并记合并后壳层的洛伦兹因子和随动系总内能分别为 $\Gamma_{\rm m}$ 和 $\mathcal{E}'$，则根据动量守恒定律和能量守恒定律，可以写出

$$\Gamma_{\rm r}m_{\rm r}v_{\rm r} + \Gamma_{\rm s}m_{\rm s}v_{\rm s} = \Gamma_{\rm m}(m_{\rm r} + m_{\rm s} + \mathcal{E}')v_{\rm m} \tag{10.25}$$

$$\Gamma_{\rm r}m_{\rm r} + \Gamma_{\rm s}m_{\rm s} = \Gamma_{\rm m}(m_{\rm r} + m_{\rm s} + \mathcal{E}') \tag{10.26}$$

由于 $(\Gamma_{\rm r}, \Gamma_{\rm s}, \Gamma_{\rm m}) \gg 1$，可近似解得

$$\Gamma_{\rm m} = \sqrt{\frac{m_{\rm r}\Gamma_{\rm r} + m_{\rm s}\Gamma_{\rm s}}{m_{\rm r}/\Gamma_{\rm r} + m_{\rm s}/\Gamma_{\rm s}}} \approx \sqrt{\frac{m_{\rm r}}{m_{\rm s}}\Gamma_{\rm r}\Gamma_{\rm s}} \tag{10.27}$$

以及动能转化为内能的效率

$$\begin{aligned}
\epsilon &= \frac{\Gamma_{\rm m}\mathcal{E}'}{\Gamma_{\rm r}m_{\rm r} + \Gamma_{\rm s}m_{\rm s}} = 1 - \frac{\Gamma_{\rm m}(m_{\rm r} + m_{\rm s})}{\Gamma_{\rm r}m_{\rm r} + \Gamma_{\rm s}m_{\rm s}} \\
&= 1 - \left[1 + \frac{m_r m_{\rm s}}{(m_{\rm r} + m_{\rm s})^2}\left(\sqrt{\frac{\Gamma_{\rm r}}{\Gamma_{\rm s}}} - \sqrt{\frac{\Gamma_{\rm s}}{\Gamma_{\rm r}}}\right)^2\right]^{-1/2} \\
&\leqslant 1 - 2\left(\sqrt{\frac{\Gamma_{\rm r}}{\Gamma_{\rm s}}} + \sqrt{\frac{\Gamma_{\rm s}}{\Gamma_{\rm r}}}\right)^{-1} \tag{10.28}
\end{aligned}$$

从上式可以看到，要得到较高的转化效率，则要求 $m_{\rm r} \approx m_{\rm s}$ 和 $\Gamma_{\rm r} \gg \Gamma_{\rm s}$。通过这些喷流内部的激波 (称为内激波) 以及由此引发的湍流等内耗散过程，喷流可将部

分动能再次转化为内能，加速带电粒子的无规运动至极端相对论性，产生主要集中在伽马射线能段的非热辐射。

此外，也有观点认为，中心引擎所释放的能量最初可能主要是磁能，而非火球。在这种情况下，喷流的加速过程将主要通过磁重联。根据 6.1.2 节中的计算，磁重联加速 ($\Gamma \propto r^{1/3}$) 很可能比火球加速 ($\Gamma \propto r$) 慢很多，很难在观测限定的伽马暴辐射半径

$$r_{\mathrm{GRB}} \sim 2\Gamma^2 c\delta t \sim (10^{12} \sim 10^{14})\ \mathrm{cm} \tag{10.29}$$

之前完成加速。当然，鉴于磁重联过程的复杂性，这种加速过程仍然不能排除。实际的情况很可能是多种过程都在发生作用，比如在讨论脉冲星风 σ 问题时提到的 ICMART 机制。

10.3.2　外激波和余辉辐射

喷流的内部耗散过程并不会把所有的能量都消耗掉，其绝大多数动能将仍然得以保留。这意味着喷流将继续以相对论性的速度在星际空间中持续运动，并在其中激发出一个强激波，如图 10.6 所示。在运动到足够远的距离时，通过激波扫积在喷流头部的星际介质质量将变得相当可观，其增长过程由下式决定：

$$\frac{\mathrm{d}M_{\mathrm{sw}}}{\mathrm{d}r} = \Omega r^2 n m_{\mathrm{p}} \tag{10.30}$$

其中，$\Omega = 2\pi(1 - \cos\theta_{\mathrm{j}})$ 是喷流所张的立体角，θ_{j} 是半张角，r 是喷流运动的距离，n 是星际介质的粒子数密度。这些被激波扫积的物质将持续发出非热辐射，称

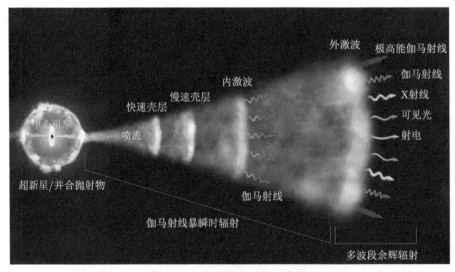

图 10.6　伽马暴全过程示意图

为**余辉 (afterglow)** 辐射, 其主要辐射频率将随着喷流的不断减速而从高能段向低能段移动, 因而具有宽波段的性质。

计算余辉辐射的基础是描述喷流激波的动力学演化。根据第 7 章中介绍的激波跳跃条件, 激波化星际介质的随动系总内能可写为 $E' = (\Gamma - 1)M_{sw}c^2$, 因此系统的总动能可表示为 [226, 227]

$$E = (\Gamma - 1)(M_{ej} + M_{sw})c^2 + \Gamma(\Gamma - 1)M_{sw}c^2$$
$$= (\Gamma - 1)M_{ej}c^2 + (\Gamma^2 - 1)M_{sw}c^2 \tag{10.31}$$

其中, M_{ej} 是喷流抛射物的质量, Γ 是激波的洛伦兹因子。如果考虑到辐射所导致的内能损失, 不妨再引入一个辐射系数 ξ, 则上式可以改写为 [228]

$$E = (\Gamma - 1)(M_{ej} + M_{sw})c^2 + (1 - \xi)\Gamma(\Gamma - 1)M_{sw}c^2 \tag{10.32}$$

当扫积物的能量与喷流抛射物能量相当时 ($\eta M_{ej}c^2 \sim \eta^2 M_{sw}c^2$, 这里 η 表示初始洛伦兹因子), 喷流将开始明显减速, 因此可以定义相应的减速特征半径为

$$r_{dec} = \left(\frac{3E}{4\pi\eta^2 n m_p c^2}\right)^{1/3} \tag{10.33}$$

这里我们取 $M_{sw} = (4/3)\pi r^3 n m_p$。在激波运动速度远大于激波物质侧向扩散速度的情况下, 我们可以对喷流进行各向同性等效描述, 用 4π 代替 Ω 而不会对喷流的动力学演化造成任何影响。定义 $x = (r/r_{dec})^3$, 方程 (10.32) 可以改写为

$$(1 - \xi)x\Gamma^2 + (\eta - \xi x)\Gamma - (x + \eta + \eta^2) = 0 \tag{10.34}$$

求解上述方程 (取 $\xi = 0$), 可以得到洛伦兹因子关于 r 的函数

$$\Gamma(r) = \frac{1}{2}\eta\left(\frac{r}{r_{dec}}\right)^{-3}\left[\sqrt{\frac{4}{\eta^2}\left(\frac{r}{r_{dec}}\right)^6 + 4\left(\frac{1}{\eta} + 1\right)\left(\frac{r}{r_{dec}}\right)^3 + 1} - 1\right] \tag{10.35}$$

该函数可以进一步简化为如下分段函数:

$$\Gamma(r) \approx \begin{cases} \eta, & r < r_{dec} \\ \eta\left(\dfrac{r}{r_{dec}}\right)^{-\frac{3}{2}}, & r_{dec} < r < l \\ 1, & r > l \end{cases} \tag{10.36}$$

其中 $l = \eta^{2/3}r_{dec}$ 称为 Sedov 半径。当 $r > l$ 时, 喷流激波已从相对论性演变为非相对论性。要精确描述这个阶段的动力学演化, 需将上述关于 Γ 的方程改写为关

于速度 β 的方程。当然，对于大多数余辉观测而言，我们主要关心喷流的相对论减速，此阶段的标度关系 $\Gamma \propto r^{-3/2}$ 可从方程 $E \approx \Gamma^2 M_{sw} c^2 \propto \Gamma^2 r^3$ 中简单得到。

上述解析计算可以很好地展示喷流激波在均匀介质中的动力学演化。不过，在实际的研究中，为了方便包含更多复杂的因素，我们一般采用微分形式的动力学演化方程。根据能量守恒定律，可以通过对式 (10.32) 求微分得到

$$\frac{\mathrm{d}\Gamma}{\mathrm{d}M_{sw}} = -\frac{\Gamma^2 - 1}{M_{ej} + \xi M_{sw} + 2(1-\xi)\Gamma M_{sw}} \tag{10.37}$$

在绝热近似下 $(\xi = 0)$，当 $\Gamma \gg 1$ 和 $2\Gamma M_{sw} \gg M_{ej}$ 时，容易解得 $\Gamma \propto M_{sw}^{-1/2}$，与前述解析结果一致。而当 $\Gamma \sim 1$ 和 $2\Gamma M_{sw} \gg M_{ej}$ 时，则可利用 $\Gamma = (1-\beta^2)^{-1/2} \approx 1 + \frac{1}{2}\beta^2$ 将动力学方程改写为

$$\frac{\beta \mathrm{d}\beta}{\mathrm{d}M_{sw}} = -\frac{\beta^2}{2M_{sw}} \tag{10.38}$$

从中解得 $\beta \propto M_{sw}^{-1/2}$，此即非相对论性冲击波演化的 Sedov 解。对方程 (10.37) 的数值求解结果展示于图 10.7 中，其中半径和观测时间之间的关系由下式给出：

$$\frac{\mathrm{d}r}{\mathrm{d}t} = \frac{\beta c}{1-\beta} \tag{10.39}$$

其中 $(1-\beta)^{-1}$ 项的出现是考虑到喷流面向我们运动时的多普勒效应。由式 (10.39) 可以近似得到 $r = 2\Gamma^2 ct$，结合 $\Gamma \propto r^{-3/2}$，可以得到数值计算给出的标度关系 $\Gamma \propto t^{-3/8}$。而 $\beta \propto t^{-3/5}$ 的标度关系则可以由 $\beta \propto r^{-3/2}$ 和 $r \sim \beta ct$ 得到。根据动力学演化计算结果，我们就可以得到伽马暴发生后各个时间点喷流的运动状态。再依据激波跳跃条件和内能的分配假设，便可以计算每个时刻的各种非热辐射，得到其辐射的光谱和光变曲线。关于辐射效率 ξ 的取值，原则上通过计算这些辐射过程而得到。

前面提到，极端恒星爆发过程可能导致毫秒磁陀星的形成，它们可以显著影响超新星和千新星的辐射。因此，当这种情况也出现在伽马暴现象中时，我们也需考虑毫秒磁陀星对伽马暴余辉辐射的影响，如在能量守恒方程 (10.32) 中加入额外的中子星能量注入[53,54,229]。当我们在余辉观测中发现这种新生中子星的信号 (如光变曲线的变平) 时，便能够利用这些观测信号来推断中子星的性质，从而为研究中子星提供一种新的途径。图 10.8 展示了通过拟合伽马暴余辉和超亮超新星光变曲线而获得的新生中子星磁场强度和自转周期，表明它们都是毫秒磁陀星，但两种现象之间在磁场强度上仍然存在差异。这个结果说明这两类现象也许存在统一的起源，是磁场强度的不同导致了不同的观测效应，尤其是极高磁场对于相对论性喷流的形成可能是至关重要的。

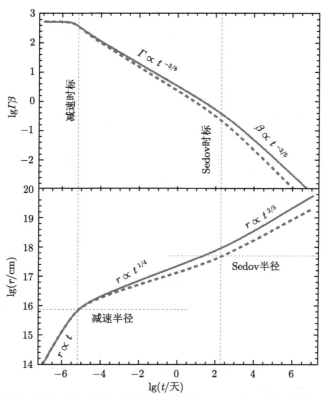

图 10.7　相对论性喷流在星际介质中的速度和半径演化。实线和虚线分别对应绝热 $(\xi = 0)$
和辐射 $(\xi = 0.3)$ 的情况，其他模型参数取值为：$M_{\mathrm{ej}} = 10^{-5} M_\odot$, $\eta = 500$,
$E = \eta M_{\mathrm{ej}} c^2 = 8.9 \times 10^{51}\mathrm{erg}$ 和 $n = 10\mathrm{cm}^{-3}$

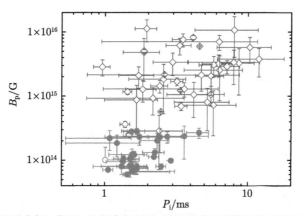

图 10.8　利用伽马暴余辉 (菱形) 和超亮超新星 (圆) 光变曲线推断得到的新生中子星磁场强
度和自转周期。图源：文献 [196]

10.4　白矮星的坍缩

双中子星并合可形成更大质量稳定中子星的设想使我们认识到，宇宙中的中子星可能具有多种不同的起源，而并非一定诞生于大质量恒星的核心坍缩。那么，容易想到，中子星是否可能诞生于白矮星的坍缩呢？对于一颗处于双星系统中的白矮星，当它通过吸积伴星的物质而不断增长质量的时候，它很可能会因为质量达到钱德拉塞卡极限而变得不稳定。通常，人们认为这个时候白矮星将发生核反应的爆轰而导致 Ia 型超新星爆发，使整个白矮星完全解体。然而，人们也发现，取决于核燃烧点火位置的不同，有时候白矮星核中的氖、镁元素对电子的捕获速率有可能快于核反应的速率，从而使白矮星在发生爆炸之前就因为已经失去了电子简并压的支持而发生坍缩，最终转化为一颗中子星 [61,230]。这个过程实际上为那些处于双星系统的毫秒脉冲星提供了一种可能的产生途径。白矮星的这种**吸积诱导坍缩 (accretion-induced collapse，AIC)** 现象同样也可能出现在两个白矮星的并合过程中 (相当于把前述的主序伴星换成白矮星)。不过，在这种情况下，因为并合产生的大质量白矮星具有很高的温度，所以它并不一定会马上坍缩，而是可能需要经历上万年的冷却之后才转化为中子星 [231]。

上述这些理论设想无疑具有重要的科学意义，但遗憾的是迄今未能获得观测检验。伴随着白矮星的坍缩，原则上会有 $(10^{-3} \sim 10^{-2})M_\odot$ 的物质由于反弹激波和吸积盘风作用被向外抛射，其中可能形成大量 ^{56}Ni，从而造成类似于超新星的辐射 [232]。不过，限于较小的抛射物质量，所以 AIC 光学暂现源辐射原则上会比一般的超新星增长和衰减得更快，同时也应该暗很多，因而不太容易发现。从其光变行为来看，AIC 光学暂现源比较类似于千新星辐射，不过因为其不透明度较为正常，所以不会过于红化。此外，对于白矮星 AIC 事件，抛射物和留存伴星之间的碰撞可能会造成一些特有的辐射信号 (图 10.9)，使其区别于双中子星并合事件。特别是，如果通过 AIC 产生的中子星也能成为一颗毫秒磁陀星，那么它强大的星风可能会对伴星造成严重破坏，甚至使其解体为一个环绕中子星的物质环。星风和物质环的相互作用可能导致一个特殊的硬 X 射线辐射成分 [233]。当然，在这种情况下，AIC 光学暂现源同样还会出现增亮和产生非热成分等辐射特征。这些理论方面的设想均有待未来的观测检验。

目前一些大天区、高频次 (high-cadence) 光学巡天项目的确发现了不少变化非常快速的光学暂现源，其中很可能隐藏着一些与白矮星 AIC 过程相关的事件。如图 10.10所示，新生毫秒磁陀星供能的小质量抛射物的辐射可以为三例 Pan-STARRS 望远镜巡天发现的快变明亮光学暂现源的光度、温度和辐射半径演化提供合理的解释。这在一定程度上表明，这些暂现源有可能与白矮星的 AIC、中子星白矮星并合或双中子星并合等过程有关。

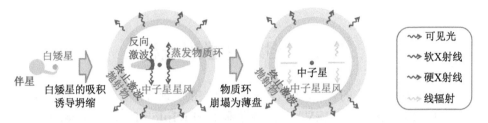

图 10.9   白矮星吸积诱导坍缩产生毫秒磁陀星的过程示意图。图源: 文献 [233]

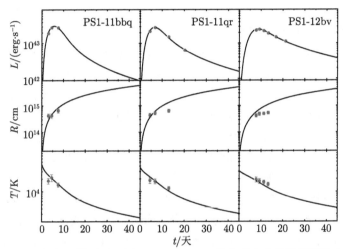

图 10.10   磁陀星能源模型对三例 Pan-STARRS 快变明亮光学暂现源的光变拟合。
图源: 文献 [235]

附录 相对论思想浅析

作为一种极为朴素的观点，人们普遍相信所有的物理规律应不依赖于参考系 (至少是惯性系) 的选择，即 **(狭义) 相对性原理 (principle of special relativity)**。然而在 19 世纪和 20 世纪相交之际，人们发现描述电磁规律的麦克斯韦方程组却含有光的速度。而根据伽利略的叠加原理 (平行四边形法则)，速度的大小显然是依赖于参考系的。这似乎意味着麦克斯韦方程组只能成立于一个特殊的参考系，也就是所谓的绝对参考系 (以太参考系)。要解决麦克斯韦方程组所面临的这个困境，只有两种选择。一种是放弃针对电磁规律的相对性原理，认为麦克斯韦方程组只在绝对参考系中成立。但是，我们现在都知道，最终的实验证明以太并不存在。另一种是放弃针对光速的伽利略速度变换法则，认为光速是不随参考系变化的。显然，这两种选择都会令人感到痛苦，不过也都有人做出了尝试。最后，选择光速不变的 A. Einstein 把路走通了，建立了所谓的狭义相对论。

让我们简单梳理一下狭义相对论的逻辑。因为速度是坐标关于时间的导数，所以一旦对速度做出特殊的规定，就意味着在坐标和时间之间建立了一种强制的联系。这种联系导致在参考系变换的时候，不仅坐标会变，时间也必须变！时间依赖于参考系，这是狭义相对论对传统物理思维造成的第一波冲击。那么时间具体怎么变？人们发现，时间必须和坐标一起作为一个整体参与参考系变换。如果用数学语言来描述，就是在每一个参考系里面，一维的时间和三维的坐标需组成一个四维的向量，它的参考系变换法则恰恰就是四维向量空间的坐标变换法则。在变换过程中，向量的分量都会发生变化，但向量本身保持不变 (反映了它所代表的物理量作为整体不随参考系变化的属性)。我们常常讲时空性质这个概念，指的就是把时间和坐标作为分量组合到一起的一种规定。比如，对于 t_1 时刻在 (x_1, y_1, z_1) 位置发生的一件事和 t_2 时刻在 (x_2, y_2, z_2) 位置发生的另一件事，两件事之间的空间距离和时间距离都是很清楚的。那么现在，既然需要把空间和时间作为一个整体，两件事情分别对应四维数学空间中的一个坐标点，两点之间就可以定义一个时空距离，称为**时空间隔 (space-time interval)**：

$$\Delta s^2 = -(c\Delta t)^2 + (\Delta x^2 + \Delta y^2 + \Delta z^2) \tag{A.1}$$

在这个定义下，以光速联系的不同事件之间时空间隔为零。以处理时间和空间的关系为出发点，人们进而发现其他所有物理量也都要做类似处理。比如物体的能量和动量组成了一个四维的向量，作为整体进行坐标变换。这种分量变换遵循坐标变换或逆变换法则的量，不只是一阶的，还可以包括更高阶的，它们统称为**张量 (tensor)**。通常讲的向 (矢) 量即为一阶张量。所有的物理量都必须作为它所属的那个张量的分量来进行坐标变换。更进一步讲，物理上要求一个自然规律在不同的参考系中均成立，也即要求它在数学上能够表示为一个关于张量的方程[236]。比如，我们在电动力学课中就学习过麦克斯韦方程组的张量形式。此外，6.1.2 节中给出的相对论流体力学方程组也是一个张量方程。

当人们都在为狭义相对论的成功而欢呼的时候，Einstein 却意识到，物理学上具有重要地位的万有引力定律其实并不满足相对性原理的要求。从数学形式上看，引力和距离的平方反比公式显然不是一个四维张量方程。与此同时，Einstein 对于"一切物理规律在一切惯性系中均成立"的狭义相对性原理也并不满意，因为它使得惯性系成了特殊的参考系。他认为自然界更应该满足"一切物理规律在一切参考系中均成立"的**广义相对性原理 (principle of general relativity)**。这个时候，我们需要面对一个关键的问题，那就是非惯性系中的惯性力的物理本质是什么。Einstein 设想，对于处于引力场中自由落体电梯箱中的人和悬浮于太空中不受力电梯箱中的人而言，两者并不能从自身的处境中感受到差异，从而认为引力场和惯性力场是局域等效的[①]，称为**等效原理 (equivalent principle)**。因此，狭义相对论所面临的两个问题本质上是同一个问题。更具体来看，在一个有心引力场的任何局域位置上，我们总能找到一个与其局域引力场等效的加速场。但对于不同的局域位置，这些等效的加速场并不相同。那么如何体现参考系的变化呢？Einstein 提出这些局域参考系的时空性质存在变化。式 (A.1) 所定义的时空间隔并不是放之四海而皆准的，对四个时空分量平方项的组合未必一定是 $(-1,1,1,1)$ 的系数，甚至未必一定都是平方项，也可能有交叉项。这种对时间和空间分量组合方式的规定，在四维数学空间中就是对矢量点乘法则的规定，即对相应矢量"长度"度量方法的规定，这种规定在几何学上被称为**度规 (metric)**。度规是一个二阶张量，记作 $g_{\mu\nu}$。式 (A.1) 给出的度规称为**闵可夫斯基度规 (Minkowski metric)**。引力场中不同位置的时空性质不同，意味着度规是坐标的函数。相对于度规处处为常数的平直时空，我们可以把这种度规是坐标函数的情况称为弯曲时空。

基于上述观点，引力是时空弯曲的表现和产生的效应。牛顿万有引力公式告诉我们，给定质量分布 $\rho(\boldsymbol{x})$，可以得到相应的引力势分布 $\Phi(\boldsymbol{x})$。所以在广义相对论的框架下，如果给定能量 (包含质量) 和动量的分布，就可以得到由其所造成的弯曲时空的度规分布。于是，我们就可以根据牛顿的引力场方程

$$\nabla^2 \Phi = 4\pi G\rho \tag{A.2}$$

---

① 意味着引力质量和惯性质量等价。

来构造满足广义相对性原理的引力场方程[74]，其形式为

$$G_{\mu\nu} = \frac{8\pi G}{c^4} T_{\mu\nu} \tag{A.3}$$

这就是**爱因斯坦场方程 (Einstein's field equation)**。其中，$G_{\mu\nu} = R_{\mu\nu} - \frac{1}{2} g_{\mu\nu} R$ 为爱因斯坦张量，$R_{\mu\nu}$ 和 R 分别为时空的曲率张量和标量曲率，它们均是度规张量 $g_{\mu\nu}$ 的函数。所以上述方程是一个以 $g_{\mu\nu}$ 为未知数的方程。求解该方程，需要先给定物质的能量动量张量 $T^{\mu\nu} = (\rho + e/c^2 + P/c^2) u^\mu u^\nu + P g^{\mu\nu}$，其中 ρ、e 和 P 分别为质量密度、能量密度和压强，u^μ 为四维速度。不过实际的求解过程非常困难。对于物质分布具有一定对称性的情况，往往是先猜测度规的可能形式，然后通过方程来确定其中的未定参数。最著名的爱因斯坦场方程的解是真空静态球对称情况下的**史瓦西度规 (Schwarzschild metric)**：

$$ds^2 = -\left(1 - \frac{2GM}{c^2 r}\right) c^2 dt^2 + \left(1 - \frac{2GM}{c^2 r}\right)^{-1} dr^2 + r^2 d\theta^2 + r^2 \sin^2\theta d\phi^2 \tag{A.4}$$

这里，M 是分布在一定范围内的球对称质量，而上式表示的则是该质量外部真空环境下的时空度规。第 2 章中给出的 TOV 方程则是爱因斯坦场方程在质量分布范围内的解。从式 (A.4) 可以看到，当 r 越小的时候，时间和空间分量前的系数就越偏离 1，显示出时空的高度弯曲性；而当 r 越大的时候，这种偏离就越小，越接近于平直时空的情况。这种时空弯曲的程度可以由比值 r_g/r 来表征，称为致密性参数，其中 $r_g = 2GM/c^2$ 称为**史瓦西半径**。

参 考 文 献

[1] Bessel F W. MNRAS, 1844, 6: 136. doi:10.1093/mnras/6.11.136

[2] Fowler R H. MNRAS, 1926, 87: 114. doi:10.1093/mnras/87.2.114

[3] Chandrasekhar S. MNRAS, 1931, 91: 456. doi:10.1093/mnras/91.5.456

[4] Chandrasekhar S. MNRAS, 1935, 95: 207. doi:10.1093/mnras/95.3.207

[5] 徐仁新. 天体物理导论. 北京: 北京大学出版社, 2006

[6] Chadwick J. Nature, 1932, 129: 312. doi:10.1038/129312a0

[7] Chadwick J. Proceedings of the Royal Society of London Series A,1932, 136: 692. doi:10.1098/rspa.1932.0112

[8] Baade W, Zwicky F. Proceedings of the National Academy of Science, 1934, 20: 254. doi:10.1073/pnas.20.5.254

[9] Burrows A. Reviews of Modern Physics, 2013, 85: 245. doi:10.1103/RevModPhys. 85.245

[10] Tolman R C. Relativity, Thermodynamics, and Cosmology. Oxford: Clarendon Press, 1934

[11] Tolman R C. Physical Review, 1939, 55: 364. doi:10.1103/PhysRev. 55. 364

[12] Oppenheimer J R, Volkoff G M. Physical Review, 1939, 55: 374. doi:10.1103/ PhysRev.55.374

[13] Giacconi R, Gursky H, Paolini F R, et al. PRL, 1962, 9: 439. doi:10.1103/ PhysRevLett.9.439

[14] Lyne A, Graham-Smith F. Pulsar Astronomy, by Andrew Lyne , Francis Graham-Smith. Cambridge, UK: Cambridge University Press, 2012

[15] Hewish A, Bell S J, Pilkington J D H, et al. Nature, 1968, 217: 709. doi:10.1038/217709a0

[16] Pacini F. Nature, 1967, 216: 567. doi:10.1038/216567a0

[17] Hewish A, Okoye S E. Nature, 1965, 207: 59. doi:10.1038/207059a0

[18] Gold T. Nature, 1968, 218: 731. doi:10.1038/218731a0

[19] Ostriker J P, Gunn J E. ApJ, 1969, 157: 1395. doi:10.1086/150160

[20] Goldreich P, Julian W H. ApJ, 1969, 157: 869. doi:10.1086/150119

[21] Sturrock P A. ApJ, 1971, 164: 529. doi:10.1086/150865

[22] Michel F C. ApJL, 1973, 180: L133. doi:10.1086/181169

[23] Michel F C. ApJ, 1973, 180: 207. doi:10.1086/151956

[24] Ruderman M A, Sutherland P G. ApJ, 1975, 196: 51. doi:10.1086/153393

[25] Shklovsky I S. ApJL, 1967, 148: L1. doi:10.1086/180001

[26] Giacconi R, Gursky H, Kellogg E, et al. ApJL, 1971, 167: L67. doi:10.1086/180762

[27] Grindlay J, Heise J. IAU Circular, 1975: 2879

[28] Backer D C, Kulkarni S R, Heiles C, et al. Nature, 1982, 300: 615. doi:10.1038/300615a0

[29] Duncan R C, Thompson C. ApJL, 1992, 392: L9. doi:10.1086/186413

[30] Lyubarsky Y, Kirk J G. ApJ, 2001, 547: 437. doi:10.1086/318354

[31] Drenkhahn G. A&A, 2002, 387: 714. doi:10.1051/0004-6361:20020390

[32] Dubus G. A&A, 2006, 456: 801. doi:10.1051/0004-6361:20054779

[33] Dubus G. A&A Rev., 2013, 21: 64. doi:10.1007/s00159-013-0064-5

[34] Hulse R A, Taylor J H. ApJL, 1975, 195: L51. doi:10.1086/181708

[35] Wolszczan A, Frail D A. Nature, 1992, 355: 145. doi:10.1038/355145a0

[36] Burgay M, D'Amico N, Possenti A, et al. Nature, 2003, 426: 531. doi:10.1038/nature02124

[37] Lyne A G, Burgay M, Kramer M, et al. Science, 2004, 303: 1153. doi:10.1126/science.1094645

[38] Abbott B P, Abbott R, Abbott T D, et al. PRL, 2017, 119: 161101. doi:10.1103/PhysRevLett.119.161101

[39] Abbott B P, Abbott R, Abbott T D, et al. ApJL, 2017, 848: L13. doi:10.3847/2041-8213/aa920c

[40] Gell-Mann M. Physics Letters, 1964, 8: 214. doi:10.1016/S0031-9163(64)92001-3

[41] Zweig G. CERN-TH-412, 401, 1964

[42] Witten E. PRD, 1984, 30: 272. doi:10.1103/PhysRevD.30.272

[43] Farhi E, Jaffe R L. PRD, 1984, 30: 2379. doi:10.1103/PhysRevD.30.2379

[44] Lai X, Xu R. Journal of Physics Conference Series, 2017, 861: 012027. doi:10.1088/1742-6596/861/1/012027

[45] Geng J J, Huang Y F, Lu T. ApJ, 2015, 804: 21. doi:10.1088/0004-637X/804/1/21

[46] Huang Y F, Yu Y B. ApJ, 2017, 848: 115. doi:10.3847/1538-4357/aa8b63

[47] Glendenning N K. Compact stars. In: Nuclear Physics, Particle Physics, and General Relativity. Berlin: Springer, 1997

[48] Özel F, Freire P. ARA&A, 2016, 54: 401. doi:10.1146/annurev-astro-081915-023322

[49] Demorest P B, Pennucci T, Ransom S M, et al. Nature, 2010, 467: 1081. doi:10.1038/nature09466

[50] Miller M C, Lamb F K, Dittmann A J, et al. ApJL, 2019, 887: L24. doi:10.3847/2041-8213/ab50c5

[51] Kaaret P, Prieskorn Z, in't Zand J J M, et al. ApJL, 2007, 657: L97. doi:10.1086/513270

[52] Heinke C O, Ho W C G. ApJL, 2010, 719: L167. doi:10.1088/2041-8205/719/2/L167

[53] Dai Z G, Lu T. A&A, 1998, 333: L87

[54] Dai Z G, Lu T. PRL, 1998, 81: 4301. doi:10.1103/PhysRevLett.81.4301

[55] Gal-Yam A. Science, 2012, 337: 927. doi:10.1126/science.1203601

[56] Kasen D, Bildsten L. ApJ, 2010, 717: 245. doi:10.1088/0004-637X/717/1/245

[57] Inserra C, Smartt S J, Jerkstrand A, et al. ApJ, 2013, 770: 128. doi:10.1088/0004-637X/770/2/128

[58] Dai Z G, Wang X Y, Wu X F, et al. Science, 2006, 311: 1127. doi:10.1126/science.1123606

[59] Yu Y W, Liu L D, Dai Z G. ApJ, 2018, 861: 114. doi:10.3847/1538-4357/aac6e5

[60] Ai S, Gao H, Dai Z G, et al. ApJ, 2018, 860: 57. doi:10.3847/1538-4357/aac2b7

[61] Canal R, Schatzman E. A&A, 1976, 46: 229

[62] Iwamoto N. Annals of Physics, 1982, 141: 1. doi:10.1016/0003-4916(82)90271-8

[63] Chiu H Y, Salpeter E E. PRL, 1964, 12: 413. doi:10.1103/PhysRevLett.12.413

[64] Lattimer J M, Pethick C J, Prakash M, et al. PRL, 1991, 66: 2701. doi:10.1103/PhysRevLett.66.2701

[65] 刘连寿, 李家荣, 汪德新, 等. 理论物理基础教程. 北京: 高等教育出版社, 2003

[66] Bardeen J, Cooper L N, Schrieffer J R. Physical Review, 1957, 108: 1175. doi:10.1103/PhysRev.108.1175

[67] Yakovlev D G, Levenfish K P, Shibanov Y A. Physics Uspekhi, 1999, 42: 737. doi:10.1070/PU1999v042n08ABEH000556

[68] Lifshitz E M, Pitaevskii L P. Statistical Physics, Part 2 .Oxford:Pergamon, 1980

[69] Shapiro S L, Teukolsky S A. Black Holes, White Dwarfs and Neutron Stars: The Physics of Compact Objects, A Wiley-Interscience Publication. New York: Wiley, 1983

[70] Harrison B K, Thorne K, Wakano M, et al. Gravitation Theory and Gravitational Collapse. Chicago: University of Chicago Press, 1965

[71] Baym G, Pethick C, Sutherland P. ApJ, 1971, 170: 299. doi:10.1086/151216

[72] Baym G, Bethe H A, Pethick C J. Nucl. Phys. A, 1971, 175: 225. doi:10.1016/0375-9474(71)90281-8

[73] Carroll B W, Ostlie D A. An Introduction to Modern Astrophysics and Cosmology. Ostlie. 2nd edition. San Francisco: Pearson, Addison-Wesley, 2006

[74] 须重明, 吴雪君. 广义相对论与现代宇宙学. 南京: 南京师范大学出版社, 1999

[75] Koberlein B, Meisel D. Astrophysics Through Computation. Cambridge, UK: Cambridge University Press, 2013

[76] Weber F, Negreiros R, Rosenfield P. Astrophysics and Space Science Library, 2009, 357: 213. doi:10.1007/978-3-540-76965-1_0

[77] Alcock C, Farhi E, Olinto A. ApJ, 1986, 310: 261. doi:10.1086/164679

[78] Gudmundsson E H, Pethick C J, Epstein R I. ApJ, 1983, 272: 286. doi:10.1086/161292

[79] Bahcall J N, Wolf R A. Physical Review, 1965, 140: 1452. doi:10.1103/PhysRev.140.B1452

[80] Yakovlev D G, Kaminker A D, Gnedin O Y, et al. Physics Rep., 2001, 354: 1. doi:10.1016/S0370-1573(00)00131-9

[81] Beznogov M V, Page D, Ramirez-Ruiz E. ApJ, 2020, 888: 97. doi:10.3847/1538-4357/ab5fd6

[82] Yakovlev D G, Pethick C J. ARA&A, 2004, 42: 169. doi:10.1146/annurev.astro.42.053102.134013

[83] Yanagi K. 2020, arXiv:2003.08199

[84] Jansky K G. Nature, 1933, 132: 66. doi:10.1038/132066a0

[85] Reber G. ApJ, 1944, 100: 279. doi:10.1086/144668

[86] Ryle M, Hewish A. MNRAS, 1950, 110: 381. doi:10.1093/mnras/110.4.381

[87] Large M I, Vaughan A E, Mills B Y. Nature, 1968, 220: 340. doi:10.1038/220340a0

[88] Staelin D H, Reifenstein E C. Science, 1968, 162: 1481. doi:10.1126/science.162.3861.1481

[89] Oort J H. Scientific American, 1957, 196: 52. doi:10.1038/scientificamerican0357-52

[90] Manchester R N, Hobbs G B, Teoh A, et al. AJ, 2005, 129: 1993. doi:10.1086/428488

[91] Sheikh S I, Pines D J, Ray P S, et al. Journal of Guidance Control Dynamics, 2006, 29: 49. doi:10.2514/1.13331

[92] Hobbs G, Archibald A, Arzoumanian Z, et al. Classical and Quantum Gravity, 2010, 27: 084013. doi:10.1088/0264-9381/27/8/084013

[93] Deshpande A A, Rankin J M. ApJ, 1999, 524: 1008. doi:10.1086/307862

[94] Burke-Spolaor S. Neutron stars and pulsars: Challenges and opportunities after 80 years. Proceedings of the International stronomical Union, 2013, 291: 95. doi:10.1017/S1743921312023277

[95] Anderson P W, Itoh N. Nature, 1975, 256: 25. doi:10.1038/256025a0

[96] McLaughlin M A, Lyne A G, Lorimer D R, et al. Nature, 2006, 439: 817. doi:10.1038/nature04440

[97] 吴鑫基, 乔国俊, 徐仁新. 脉冲星物理. 北京: 北京大学出版社, 2018

[98] Condon J J, Ransom S M. Essential Radio Astronomy. Princeton, NJ: Princeton University Press, 2016

[99] Pacini F. Nature, 1968, 219: 145. doi:10.1038/219145a0

[100] Harding A K. Invited Review at 363-Heraeus-Seminar on Neutron Stars and Pulsars, ed. W. Becker.2007, arXiv:0710.3517

[101] Thompson D J, Bailes M, Bertsch D L, et al. ApJ, 1999, 516: 297. doi:10.1086/307083

参 考 文 献

· 173 ·

[102] Halpern J P, Gotthelf E V. ApJ, 2010, 709: 436. doi:10.1088/0004-637X/709/1/436

[103] Browning R, Ramsden D, Wright P J. Nature Physical Science, 1971, 232: 99.
doi:10.1038/physci232099a0

[104] Kniffen D A, Hartman R C, Thompson D J, et al. Nature, 1974, 251: 397.
doi:10.1038/251397a0

[105] Abdo A A, Ackermann M, Ajello M, et al. ApJS, 2010, 187: 460. doi:10.1088/0067-
0049/187/2/460

[106] Hoyle F, Narlikar J V, Wheeler J A. Nature, 1964, 203: 914. doi:10.1038/203914a0

[107] Beskin V S. Physics Uspekhi, 1999, 42: 1071. doi:10.1070/PU1999v042n11ABEH
000665

[108] Spitkovsky A. ApJL, 2006, 648: L51. doi:10.1086/507518

[109] Arons J. ApJ, 1981, 248: 1099. doi:10.1086/159239

[110] Cheng K S, Ho C, Ruderman M. ApJ, 1986, 300: 500. doi:10.1086/163829

[111] Rybicki G B, Lightman A P. Radiative Processes in Astrophysics. Weinheim Ger-
man: Wiley-VCH, 1986: 400

[112] Berestetskii V B, Lifshitz E M, Pitaevskii V B. Course of Theoretical Physics-
Pergamon International Library of Science, Technology, Engineering & Social Stud-
ies. Oxford: Pergamon Press, 1971

[113] Romani R W. ApJ, 1996, 470: 469. doi:10.1086/177878

[114] Grenier I A, Harding A K. Albert Einstein Century International Conference, 2006,
861: 630. doi:10.1063/1.2399635

[115] Backer D C. ApJ, 1976, 209: 895. doi:10.1086/154788

[116] Radhakrishnan V, Cooke D J. ApL, 1969, 3: 225

[117] Oster L, Sieber W. ApJ, 1976, 210: 220. doi:10.1086/154820

[118] Coroniti F V. ApJ, 1990, 349: 538. doi:10.1086/168340

[119] Bogovalov S V. A&A, 1999, 349: 1017

[120] Sironi L, Spitkovsky A. ApJL, 2014, 783: L21. doi:10.1088/2041-8205/783/1/L21

[121] Lyutikov M, Barkov M V, Giannios D. ApJL, 2020, 893: L39. doi:10.3847/2041-
8213/ab87a4

[122] Lang K R. Astrophysical Formulae. New York : Springer, 1999

[123] Blandford R D, McKee C F. Physics of Fluids, 1976, 19: 1130. doi:10.1063/1.861619

[124] Spitkovsky A. ApJL, 2008, 682: L5. doi:10.1086/590248

[125] Blondin J M, Chevalier R A, Frierson D M. ApJ, 2001, 563: 806. doi:10.1086/324042

[126] Klingler N, Rangelov B, Kargaltsev O, et al. ApJ, 2016, 833: 253. doi:10.3847/1538-
4357/833/2/253

[127] Posselt B, Pavlov G G, Slane P O, et al. ApJ, 2017, 835: 66. doi:10.3847/1538-
4357/835/1/66

[128] Zhang Y, Liu R Y, Chen S Z, et al. ApJ, 2021, 922: 130. doi:10.3847/1538-4357/ac235e

[129] Abeysekara A U, Albert A, Alfaro R, et al. Science, 2017, 358: 911. doi:10.1126/science.aan4880

[130] Foreman-Mackey D, Hogg D W, Lang D, et al. PASP, 2013, 125: 306. doi:10.1086/670067

[131] Weisberg J M, Taylor J H. PRL, 1984, 52: 1348. doi:10.1103/PhysRevLett.52.1348

[132] 't Hooft G, Marolf D. Physics Today, 2001, 54: 58. doi:10.1063/1.1397399

[133] Eggleton P P. ApJ, 1983, 268: 368. doi:10.1086/160960

[134] Shibazaki N, Murakami T, Shaham J, et al. Nature, 1989, 342: 656. doi:10.1038/342656a0

[135] Liu Q Z, van Paradijs J, van den Heuvel E P J. A&A, 2001, 368: 1021. doi:10.1051/0004-6361:20010075

[136] Liu Q Z, van Paradijs J, van den Heuvel E P J. A&A, 2006, 455: 1165. doi:10.1051/0004-6361:20064987

[137] van der Klis M. ARA&A, 1989, 27: 517. doi:10.1146/annurev.aa.27.090189.002505

[138] Nagase F. PASJ, 1989, 41: 1

[139] Bagnoli T, in't Zand J J M, D'Angelo C R, et al. MNRAS, 2015, 449: 268. doi:10.1093/mnras/stv330

[140] Joss P C. Nature, 1977, 270: 310. doi:10.1038/270310a0

[141] Galloway D K, Muno M P, Hartman J M, et al. ApJS, 2008, 179: 360. doi:10.1086/592044

[142] Massi M. WE-Heraeus Seminar on Neutron Stars and Pulsars 40 years after the Discovery, 2007: 185

[143] Cantó J, Raga A C, Wilkin F P. ApJ, 1996, 469: 729. doi:10.1086/177820

[144] Eichler D, Usov V. ApJ, 1993, 402: 271. doi:10.1086/172130

[145] Bogovalov S V, Khangulyan D V, Koldoba A V, et al. MNRAS, 2008, 387: 63. doi:10.1111/j.1365-2966.2008.13226.x

[146] Fahlman G G, Gregory P C. Nature, 1981, 293: 202. doi:10.1038/293202a0

[147] Mazets E P, Golentskii S V, Ilinskii V N, et al. Nature, 1979, 282: 587. doi:10.1038/282587a0

[148] Cline T L, Desai U D, Pizzichini G, et al. ApJL, 1980, 237: L1. doi:10.1086/183221

[149] Israel G L, Belloni T, Stella L, et al. ApJL, 2005, 628: L53. doi:10.1086/432615

[150] Strohmayer T E, Watts A L. ApJL, 2005, 632: L111. doi:10.1086/497911

[151] Kouveliotou C, Dieters S, Strohmayer T, et al. Nature, 1998, 393: 235. doi:10.1038/30410

[152] Rea N, Esposito P. High-Energy Emission from Pulsars and Their Systems, 2011, 21: 247. doi:10.1007/978-3-642-17251-9_21

[153] Rea N, Esposito P, Turolla R, et al. Science, 2010, 330: 944. doi:10.1126/science.1196088

[154] Kaspi V M, Beloborodov A M. ARA&A, 2017, 55: 261. doi:10.1146/annurev-astro-081915-023329

[155] Esposito P, Rea N, Israel G L. Astrophysics and Space Science Library, 2021, 461: 97. doi:10.1007/978-3-662-62110-3_3

[156] Chakrabarty S, Sahu P K. PRD, 1996, 53: 4687. doi:10.1103/PhysRevD.53.4687

[157] Lyutikov M, Gavriil F P. MNRAS, 2006, 368: 690. doi:10.1111/j.1365-2966.2006.10140.x

[158] Beloborodov A M. ApJ, 2013, 777: 114. doi:10.1088/0004-637X/777/2/114

[159] Thompson C, Duncan R C. MNRAS, 1995, 275: 255. doi:10.1093/mnras/275.2.255

[160] Turolla R, Zane S, Watts A L. Reports on Progress in Physics, 2015, 78: 116901. doi:10.1088/0034-4885/78/11/116901

[161] Thompson C, Lyutikov M, Kulkarni S R. ApJ, 2002, 574: 332. doi:10.1086/340586

[162] Masada Y, Nagataki S, Shibata K, et al. PASJ, 2010, 62: 1093. doi:10.1093/pasj/62.4.1093

[163] Li C K, Lin L, Xiong S L, et al. Nature Astronomy, 2021, 5: 378

[164] Cordes J M, Chatterjee S. ARA&A, 2019, 57: 417. doi:10.1146/annurev-astro-091918-104501

[165] Petroff E, Hessels J W T, Lorimer D R.ARA&A, 2022, 30: 2. doi: 10.1007/s00159-022-00139-w

[166] Mereghetti S, Savchenko V, Ferrigno C, et al. ApJL, 2020, 898: L29. doi:10.3847/2041-8213/aba2cf

[167] Lorimer D R, Bailes M, McLaughlin M A, et al. Science, 2007, 318: 777. doi:10.1126/science.1147532

[168] Amiri M, Andersen B C, Bandura K, et al. ApJS, 2021, 257: 59. doi:10.3847/1538-4365/ac33ab

[169] Marcote B, Nimmo K, Hessels J W T, et al. Nature, 2020, 577: 190. doi:10.1038/s41586-019-1866-z

[170] Platts E, Weltman A, Walters A, et al. Physics Rep., 2019, 821: 1. doi:10.1016/j.physrep.2019.06.003

[171] Xiao D, Wang F, Dai Z. Science China Physics, Mechanics, and Astronomy, 2021, 64: 249501. doi:10.1007/s11433-020-1661-7

[172] Chen A M, Guo Y D, Yu Y W, et al. A&A, 2021, 652: A39. doi:10.1051/0004-6361/202140951

[173] Kokkotas K. Ipparchos, 2002, 1: 6

[174] Peters P C. Physical Review, 1964, 136: 1224. doi:10.1103/PhysRev.136.B1224

[175] Weisberg J M, Taylor J H. Binary Radio Pulsars, 2005, 328: 25

[176] Flanagan É É, Hinderer T. PRD, 2008, 77: 021502. doi:10.1103/PhysRevD.77. 021502

[177] Hinderer T. ApJ, 2008, 677: 1216. doi:10.1086/533487

[178] Thorne K S. Three Hundred Years of Gravitation, 1987: 330

[179] Soultanis T, Bauswein A, Stergioulas N. PRD, 2022, 105: 043020. doi:10.1103/PhysRevD.105.043020

[180] Andersson N. ApJ, 1998, 502: 708. doi:10.1086/305919

[181] Friedman J L, Morsink S M. ApJ, 1998, 502: 714. doi:10.1086/305920

[182] Lindblom L, Owen B J, Morsink S M. PRL, 1998, 80: 4843. doi:10.1103/PhysRevLett.80.4843

[183] Sá P M. PRD, 2004, 69: 084001. doi:10.1103/PhysRevD.69.084001

[184] Sá P M, Tomé B. PRD, 2005, 71: 044007. doi:10.1103/PhysRevD.71.044007

[185] Owen B J, Lindblom L, Cutler C, et al. PRD, 1998: 58, 084020. doi:10.1103/PhysRevD.58.084020

[186] Yu Y W, Cao X F, Zheng X P. Research in Astronomy and Astrophysics, 2009, 9: 1024. doi:10.1088/1674-4527/9/9/007

[187] Hillebrandt W, Nomoto K, Wolff R G. A&A, 1984, 133: 175

[188] Mayle R, Wilson J R. ApJ, 1988, 334: 909. doi:10.1086/166886

[189] Wilson J R. Numerical Astrophysics, 1985: 422

[190] Janka H T, Mueller E. A&A, 1996, 306: 167

[191] LeBlanc J M, Wilson J R. ApJ, 1970, 161: 541. doi:10.1086/150558

[192] Burrows A, Dessart L, Livne E, et al. ApJ, 2007: 664, 416. doi:10.1086/519161

[193] Woosley S E, Weaver T A. ApJS, 1995, 101: 181. doi:10.1086/192237

[194] Arnett W D. ApJ, 1980, 237: 541. doi:10.1086/157898

[195] Arnett W D. ApJ, 1982, 253: 785. doi:10.1086/159681

[196] Yu Y W, Zhu J P, Li S Z, et al. ApJ, 2017, 840: 12. doi:10.3847/1538-4357/aa6c27

[197] Lattimer J M, Schramm D N. ApJL, 1974, 192: L145. doi:10.1086/181612

[198] Rosswog S, Liebendörfer M, Thielemann F K, et al. A&A, 1999, 341: 499

[199] Radice D, Galeazzi F, Lippuner J, et al. MNRAS, 2016, 460: 3255. doi:10.1093/mnras/stw1227

[200] Shibata M, Taniguchi K. PRD, 2006, 73: 064027. doi:10.1103/PhysRevD.73.064027

[201] Dessart L, Ott C D, Burrows A, et al. ApJ, 2009: 690, 1681. doi:10.1088/0004-637X/690/2/1681

[202] Fernández R, Metzger B D. MNRAS, 2013, 435: 502. doi:10.1093/mnras/stt1312

[203] Martin D, Perego A, Arcones A, et al. ApJ, 2015: 813, 2. doi:10.1088/0004-637X/813/1/2

[204] Wanajo S. ApJ, 2018, 868: 65. doi:10.3847/1538-4357/aae0f2

[205] Cameron A G W. PASP, 1957, 69: 201. doi:10.1086/127051

[206] Burbidge E M, Burbidge G R, Fowler W A, et al. Reviews of Modern Physics, 1957, 29: 547. doi:10.1103/RevModPhys.29.547

[207] Symbalisty E, Schramm D N. ApL, 1982, 22: 143

[208] Freiburghaus C, Rosswog S, Thielemann F K. ApJL, 1999, 525: L121. doi:10.1086/312343

[209] Li L X, Paczyński B. ApJL, 1998, 507: L59. doi:10.1086/311680

[210] Metzger B D, Martínez-Pinedo G, Darbha S, et al. MNRAS, 2010, 406: 2650. doi:10.1111/j.1365-2966.2010.16864.x

[211] Coulter D A, Foley R J, Kilpatrick C D, et al. Science, 2017, 358: 1556. doi:10.1126/science.aap9811

[212] Arcavi I, Hosseinzadeh G, Howell D A, et al. Nature, 2017, 551: 64. doi:10.1038/nature24291

[213] Tanvir N R, Levan A J, González-Fernández C, et al. ApJL, 2017, 848: L27. doi:10.3847/2041-8213/aa90b6

[214] Drout M R, Piro A L, Shappee B J, et al. Science, 2017, 358: 1570. doi:10.1126/science.aaq0049

[215] Barnes J, Kasen D. ApJ, 2013, 775: 18. doi:10.1088/0004-637X/775/1/18

[216] Yu Y W, Zhang B, Gao H. ApJL, 2013, 776: L40. doi:10.1088/2041-8205/776/2/L40

[217] Metzger B D, Piro A L. MNRAS, 2014, 439: 3916. doi:10.1093/mnras/stu247

[218] Wu G L, Yu Y W, Zhu J P. A&A, 2021, 654: A124. doi:10.1051/0004-6361/202141325

[219] Zhang B. ChJAA, 2007, 7: 1. doi:10.1088/1009-9271/7/1/01

[220] Nakar E. Physics Rep., 2007, 442: 166. doi:10.1016/j.physrep.2007.02.005

[221] Gehrels N, Razzaque S. Frontiers of Physics, 2013, 8: 661. doi:10.1007/s11467-013-0282-3

[222] 俞云伟, 李永森, 谈伟伟, 等. 中国科学: 物理力学天文学, 2020, 50: 129502. doi:10.1360/SSPMA-2019-0400

[223] Zhang B. The Physics of Gamma-Ray Bursts. Cambridge: Cambridge Univeristy Press, 2018. doi:10.1017/9781139226530

[224] Piran T. Physics Rep., 1999, 314: 575. doi:10.1016/S0370-1573(98)00127-6

[225] Mészáros P. Reports on Progress in Physics, 2006, 69: 2259. doi:10.1088/0034-4885/69/8/R01

[226] Huang Y F, Dai Z G, Lu T. A&A, 1998, 336: L69

[227] Huang Y F, Dai Z G, Lu T. MNRAS, 1999, 309: 513. doi:10.1046/j.1365-8711.1999.02887.x

[228] Dai Z G, Huang Y F, Lu T. ApJ, 1999, 520: 634. doi:10.1086/307463

[229] Zhang B, Mészáros P. ApJL, 2001, 552: L35. doi:10.1086/320255

[230] Wang B, Liu D. Research in Astronomy and Astrophysics, 2020, 20: 135. doi:10.1088/1674-4527/20/9/135

[231] Schwab J, Quataert E, Kasen D. MNRAS, 2016, 463: 3461. doi:10.1093/mnras/stw2249

[232] Metzger B D, Piro A L, Quataert E. MNRAS, 2009, 396: 1659. doi:10.1111/j.1365-2966.2009.14909.x

[233] Yu Y W, Chen A, Li X D. ApJL, 2019, 877: L21. doi:10.3847/2041-8213/ab1f85

[234] Yu Y W, Chen A, Wang B. ApJL, 2019, 870: L23. doi:10.3847/2041-8213/aaf960

[235] Yu Y W, Li S Z, Dai Z G. ApJL, 2015, 806: L6. doi:10.1088/2041-8205/806/1/L6

[236] 刘连寿, 郑小平. 物理学中的张量分析. 北京: 科学出版社, 2008

[237] Zhang B, Yan H. ApJ, 2011, 726: 90. doi:10.1088/0004-637X/726/2/90

[238] Zhang B, Kobayashi S. ApJ, 2005, 628: 315. doi:10.1086/429787

[239] Protheroe R J. In: Topics in Cosmic-ray Astrophysics, ed. M. A. DuVernois. New York: Nova Science Publishing, 1999

[240] Kaaret P, Feng H, Roberts T P. ARA&A, 2017, 55: 303. doi:10.1146/annurev-astro-091916-055259

[241] Ioka K. ApJL, 2020, 904: L15 doi:10.3847/2041-8213/abc6a3

[242] Zhang B. Nature, 2020, 587: 45 doi:10.1038/s41586-020-2828-1

《21 世纪理论物理及其交叉学科前沿丛书》

已出版书目

(按出版时间排序)